全国中等职业学校机械类专业通用
全国技工院校机械类专业通用（中级技能层级）

车工工艺学（第六版）
习题册

袁桂萍　主编

中国劳动社会保障出版社

简 介

本习题册是全国中等职业学校机械类专业通用教材、全国技工院校机械类专业通用教材（中级技能层级）《车工工艺学（第六版）》的配套用书。本习题册紧扣教学要求，按照教材章节顺序编排，知识点分布均衡，题型丰富多样，难易配置适当，有助于学生复习巩固所学知识。

本习题册由袁桂萍任主编，王公安任副主编，金涛、朱洪涛、张冬青、石运旺、轩诗东、张洪涛、王农为、刘永会参加编写。

图书在版编目（CIP）数据

车工工艺学（第六版）习题册 / 袁桂萍主编 . -- 北京：中国劳动社会保障出版社，2020
全国中等职业学校机械类专业通用　全国技工院校机械类专业通用 . 中级技能层级
ISBN 978-7-5167-4538-0

Ⅰ. ①车…　Ⅱ. ①袁…　Ⅲ. ①车削 – 工艺学 – 中等专业学校 – 习题集　Ⅳ. ①TG510.6-44

中国版本图书馆 CIP 数据核字（2020）第 180059 号

中国劳动社会保障出版社出版发行
（北京市惠新东街 1 号　邮政编码：100029）
*
涿州市星河印刷有限公司印刷装订　新华书店经销

787 毫米 × 1092 毫米　16 开本　9.25 印张　218 千字
2020 年 10 月第 1 版　2025 年 12 月第 8 次印刷
定价：18.00 元

营销中心电话：400-606-6496
出版社网址：http://www.class.com.cn
http://jg.class.com.cn

目　录

绪　论

一、填空题（将正确答案填在横线上）

1. ________是机械制造业中最基本、最常用的加工方法。

2. 在机械制造企业中，车床占机床总数的____________。随着科技的进步，数控车床的数量也已占到数控机床总数的________左右。

3. 车削的加工范围很广，就其基本内容来说，包括____________、______________、____________、__________、________、________、__________、__________、________、____________、________和____________等。

二、简答题

1. 什么是车削?

2. 与机械制造业中的钻削、铣削、刨削和磨削等加工方法相比较，车削有哪些特点?

第一章　车削的基础知识

§1-1　车床与车削运动

一、填空题（将正确答案填在横线上）

1．车床床身是车床的大型__________部件，它有两条精度很高的__________导轨和__________导轨。

2．车床刀架部分由__________、__________、__________和__________等组成。

3．车削时，为了切除多余的金属，必须使__________和_______产生相对的车削运动。

4．按其作用，车削运动可分为_______和__________两种。

5．车削时，工件上形成了____________、__________和____________三个表面。

二、判断题（正确的打“√”，错误的打“×”）

1．车床溜板箱把交换齿轮箱传递过来的运动，经过变速后传递给丝杠或光杠。（　　）

2．车削时，工件的旋转运动是主运动。（　　）

三、选择题（将正确答案的代号填在括号内）

1．车床（　　）接受光杠或丝杠传递的运动。

A．溜板箱　　B．主轴箱

C．交换齿轮箱　　D．进给箱

2．工件上由切削刃正在形成的那部分表面是（　　）。

A．已加工表面　　B．过渡表面　　C．待加工表面

四、名词解释

1．主运动

2．进给运动

3．已加工表面

4．过渡表面

5．待加工表面

五、简答题

1．简述 CA6140 型车床的主要组成部分。

2．主轴箱、进给箱和溜板箱各有什么用途？

3．画出 CA6140 型车床传动路线方框图。

4．在图 1–1 上指出车削时工件上形成的三个表面（已加工表面、过渡表面、待加工表面）。

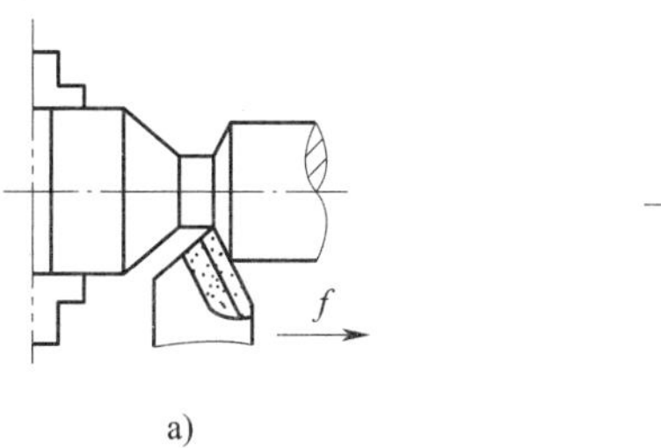

图 1–1

§1–2 车床的润滑

一、填空题（将正确答案填在横线上）

1．CA6140 型卧式车床的润滑方式有__________、__________、__________、__________、__________、__________。

2．__________润滑常用于外露的滑动表面，如床身导轨面和滑板导轨面等，一般用____________进行浇注。

二、判断题（正确的打“√”，错误的打“×”）

1．弹子油杯润滑常用于密闭的车床箱体中。（　　）

2．油泵循环润滑常用于转速高、需要大量润滑油连续强制润滑的场合。（　　）

三、选择题（将正确答案的代号填在括号内）

1．常用于交换齿轮箱挂轮架的中间轴或不便于经常润滑处的润滑方式是（　　）。

A．油绳导油润滑　　B．油脂杯润滑

C．溅油润滑　　D．油泵循环润滑

2．常用于进给箱和溜板箱油池内的润滑方式是（　　）。

A．油绳导油润滑　　B．油脂杯润滑

C．溅油润滑　　D．油泵循环润滑

四、简答题

1．CA6140 型车床润滑系统标牌中的符号②、㊻分别表示什么含义？

2．CA6140 型车床润滑系统标牌中的符号 $\frac{46}{7}$（圆圈内）、$\frac{46}{50}$（圆圈内）分别表示什么含义？

§1-3 车　　刀

一、填空题（将正确答案填在横线上）

1. 90° 车刀又称为________，主要用来车削工件的________、________和________。

2. 硬质合金可转位车刀的刀柄可以装夹各种不同形状和角度的刀片，分别用来____________、____________、________、________和____________等。

3. 车刀由____________和____________两部分组成。____________担负切削工作，故又称____________；________用来把车刀装夹在刀架上。

4. 为了提高刀尖强度和延长车刀寿命，多将刀尖磨成具有曲线状切削刃的__________刀尖以及具有直线切削刃的__________刀尖。

5. 装刀时必须使修光刃与____________平行，且修光刃长度必须________进给量，才能起修光作用。

6. 45° 车刀有____个前面、____个主后面、____个副后面、____条主切削刃、____条副切削刃以及____个刀尖。

7. 为了测量车刀的角度，假想的三个基准坐标平面是____________、______________和____________，这三者之间的关系是____________。

8. 副偏角一般采用 6°～8°，精车时，如果在副切削刃上刃磨修光刃，则取κ_r'=____，加工中间切入的工件表面时，应取κ_r'=____。

9. 当车刀刀尖位于主切削刃 S 的最高点时，λ_s______0°。车削时，切屑排向工件的__________表面方向，刀尖强度较____，适用于____车。

二、判断题（正确的打"√"，错误的打"×"）

1. 能够用来车削工件外圆的车刀有 90° 车刀、75° 车刀和 45° 车刀。（　　）

2. 刀具上的主切削刃担负着主要的切削工作，在工件上加工出已加工表面。（　　）

3. 主切削刃和副切削刃交汇的一个点称为刀尖。（　　）

4. 车刀切削刃可以是直线，也可以是曲线。（　　）

5. 增大前角能增大切削变形，可省力。（　　）

6. 负前角能增大切削刃的强度，并且耐冲击。（　　）

7. 负值刃倾角可增加刀头强度，刀尖不易折断。（　　）

8. 车刀切削部分的基本角度中，前角 γ_o、后角 α_o 和刃倾角 λ_s 没有正负值规定，但主偏角 κ_r 和副偏角κ_r'有正负值规定。（　　）

9. 在主正交平面中，后面与基面的夹角小于 90° 时，后角为正值。（　　）

三、选择题（将正确答案的代号填在括号内）

1. 主要用来车削工件的外圆、端面和倒角的车刀是（　　）车刀。

A．90°　B．75°　C．45°　D．圆头

2．刀具上与工件过渡表面相对的刀面称为（　　）。

A．前面　B．主后面

C．副后面　D．待加工表面

3．刀具上的主切削刃担负着主要的切削工作，在工件上加工出（　　）。

A．待加工表面　B．过渡表面

C．已加工表面　D．过渡表面和已加工表面

4．对于车削，一般可认为（　　）是铅垂面。

A．基面和切削平面　B．基面和正交平面

C．基面　D．切削平面和正交平面

5．在基面内测量的基本角度是（　　）。

A．刀尖角　B．刃倾角

C．主后角　D．主偏角

6．加工台阶轴时，车刀的主偏角应选（　　）。

A．45°　B．60°

C．75°　D．等于或大于 90°

7．副偏角是在（　　）内测量的角度。

A．基面　B．副切削平面

C．副正交平面　D．切削平面

8．车削塑性大的材料时，可选（　　）的前角。

A．较大　B．较小　C．零度　D．负值

9．为保证成形工件截面精度，成形刀应取（　　）的前角。

A．较大　B．较小　C．零度　D．负值

10．车 45 钢的轴时若使用高速钢车刀，前角应选（　　）。

A．1°～5°　B．5°～8°

C．10°～15°　D．20°～25°

11．车刀主后角 α_o 一般选择（　　）。

A．1°～2°　B．−5°～35°

C．4°～12°　D．45°～60°

12．车刀前面与切削平面间的夹角小于或等于 90° 时，前角为（　　）。

A．正值　B．零度

C．负值　D．负值或零度

E．正值或零度

13．刃倾角是（　　）与基面的夹角。

A．前面　B．切削平面

C．后面　D．主切削刃

14．刃倾角为负值时，切屑流向工件的（　　）。

A．待加工表面　B．已加工表面

C．过渡表面　D．任意表面

15. 精加工用的成形刀，刃倾角最好取（　　）值。

A. 负　　B. 正　　C. 零　　D. 任意

16. 车削时，切屑排向工件已加工表面，则车刀的刀尖位于主切削刃的（　　）点。

A. 最高　　B. 水平　　C. 最低　　D. 任意

四、名词解释

1. 前面

2. 修光刃

3. 基面

4. 切削平面

5. 正交平面

6. 主后角

五、简答题

1. 车刀切削部分有哪些主要角度？

2. 什么是车刀的主偏角？如何选择车刀的主偏角？

3．什么是车刀的前角？如何选择车刀的前角？

4．刃倾角有什么作用？刃倾角对排出切屑有什么影响？如何选择刃倾角？

六、计算题

1．已知车刀的主偏角 κ_r=75°，副偏角κ_r'=8°，求刀尖角 ε_r。

2．已知前角 γ_o=20°，主后角 α_o=8°，求楔角 β_o。

3．测得一把车刀的楔角 β_o=62°，刀尖角 ε_r=90°，主偏角 κ_r=80°，主后角 α_o=8°，求副偏角 κ_r' 和前角 γ_o。

七、识图题

1．指出图 1–2 中车刀切削部分各几何要素的名称。

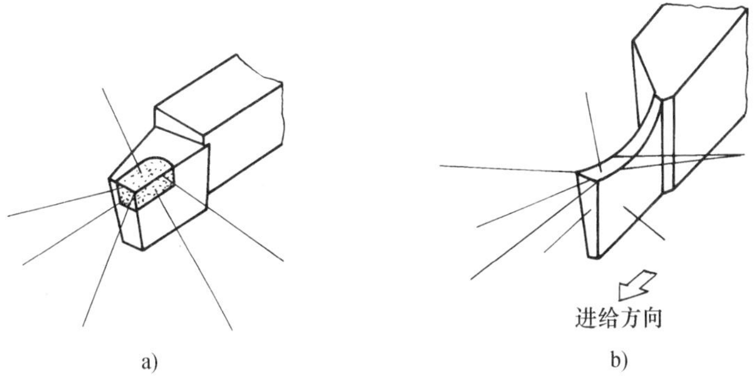

图 1–2

2．指出图 1–3 中车刀的主切削刃、副切削刃及刀尖。

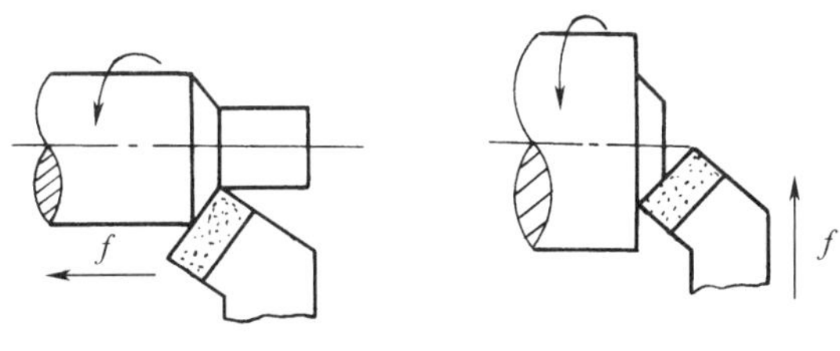

图 1–3

3．用规定的刀具角度符号在图 1–4 中填写出该车刀的 6 个基本角度，并判断出测量车刀角度所在的基准坐标平面。

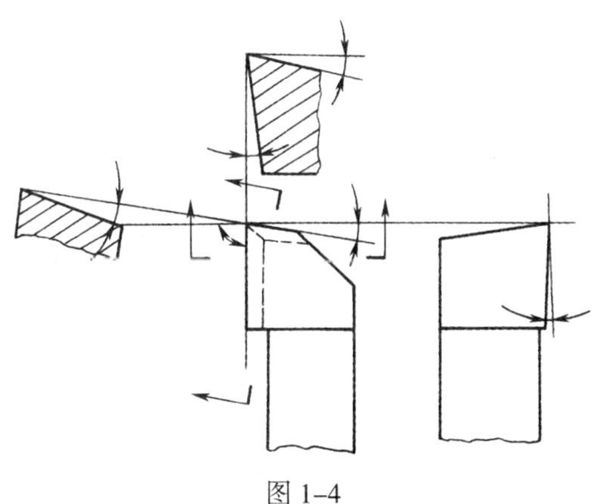

图 1–4

§1-4　刀具材料和切削用量

一、填空题（将正确答案填在横线上）

1．高速钢刀具常用于承受冲击力__________的场合，特别适用于制造各种结构复杂的________刀具和________刀具，但是不能用于________切削。高速钢有________和________两种类别。

2．加工一般材料大量使用的刀具材料有____________和__________________，其中____________是目前应用最广泛的一种车刀材料。

3．切削用量是表示____________及_______________大小的参数。它是____________、__________和____________三者的总称，故又把这三者称为切削用量的__________。

4．根据进给方向的不同，进给量分为________________和______________两种。其中____________是指垂直于车床床身导轨方向的进给量。

5．半精车、精车时，进给量的选择主要受______________的限制。

6．在数控车床上车削工件时，切削速度可选择______些。

二、判断题（正确的打“√”，错误的打“×”）

1．耐热性越好，车刀材料允许的切削速度越高。（　　）

2．硬质合金的缺点是韧性较差，承受不了大的冲击力。（　　）

3．高速钢车刀不仅用于承受冲击性较大的场合，也常用于高速切削。（　　）

4．进给量是衡量进给运动大小的参数，单位是mm/r。（　　）

5．根据计算所得的车床主轴转速，应选取铭牌上较高的转速。（　　）

6．一般情况下，在数控车床上所留的精车余量比在卧式车床上的要小。（　　）

7．加工碳钢时，如果切屑变黑或有火花，表明切削温度过低，此时应提高切削速度。（　　）

三、选择题（将正确答案的代号填在括号内）

1．高速钢刀具材料可耐（　　）℃左右的高温。

A．250　　B．300　　C．600　　D．100

2．（　　）是根据我国资源的实际情况而研制的刀具材料，使用将逐渐增多。

A．W18Cr4V　　B．W6Mo5Cr4V2

C．W9Cr4V2　　D．W9Mo3Cr4V

3．用代号为P10（YT15）的硬质合金车刀车削中碳钢时的切削速度可达（　　）m/min左右。

A．100　　B．220　　C．500　　D．1 000

4．（　　）硬质合金适用于加工钢或其他韧性较大的塑性金属，不宜用于加工脆性金属。

A．K 类　　B．P 类　　C．M 类　　D．P 类和 M 类

5．粗车铸铁，应选用代号为（　　）的硬质合金车刀。

A．K01　　B．K30　　C．P01　　D．P30

6．精车 45 钢台阶轴，应选用代号为（　　）的硬质合金车刀。

A．K01　　B．K30　　C．P01　　D．P30

7．断续切削塑性金属，精加工时选用的刀具材料代号是（　　）。

A．P01　　B．P30　　C．K01　　D．K30

8．精加工长切屑或短切屑的黑色金属和有色金属时，适用的刀具材料代号是（　　）。

A．K01　　B．P01　　C．M10　　D．M20

9．（　　）是衡量主运动大小的参数，单位是 m/min。

A．背吃刀量　　B．进给量

C．切削速度　　D．切削深度

10．半精车、精车时选择切削用量应首先考虑（　　）。

A．提高生产效率　　B．保证加工质量

C．延长刀具寿命　　D．保证加工质量和延长刀具寿命

11．加工碳钢时，如果（　　），说明采用的切削速度适当。

A．切屑为暗褐色或蓝色　　B．切屑为银白色或黄色

C．切屑变黑　　D．有火花

四、名词解释

1．高速钢

2．硬质合金

3．背吃刀量

4．进给量

5．切削速度

五、简答题

1．刀具切削部分的材料必须具备哪些基本性能？

2．粗车时，切削用量的选择原则是什么？为什么？

六、计算题

1．已知工件毛坯直径为 65 mm，若一次进给车至直径为 60 mm，求背吃刀量 a_p。

2．已知工件毛坯直径为 70 mm，选择背吃刀量为 2.5 mm，一次进给后，车出的工件直径是多少？

3．已知工件毛坯直径为 65 mm，若一次进给车至直径为 60 mm，且车床主轴转速为 560 r/min，求切削速度 v_c。

4. 在 CA6140 型车床上，把直径为 60 mm 的轴一次进给车至 52 mm。如果选用切削速度为 90 m/min，求背吃刀量 a_p 和车床主轴转速 n。

5. 在车床上车削直径为 40 mm 的轴，选用主轴转速为 560 r/min；如果用相同的切削速度车削直径为 15 mm 的轴，求主轴转速 n。

§1–5　切削过程与控制

一、填空题（将正确答案填在横线上）

1. 为了测量方便，可以把切削力分解为____________、____________和____________三个分力。

2. 当主偏角 κ_r 增大时，________力减小，________力增大。

二、判断题（正确的打“√”，错误的打“×”）

1. 盘旋状切屑体积小，不容易堵塞在卷屑槽内，产生的切削力小，不易把切削刃挤坏。（　　）

2. 一般来讲，断屑槽的宽度 L_{Bn} 减小，则卷曲变形和弯曲应力 σ 减小，容易断屑。（　　）

3. 在背吃刀量和进给量已选定的条件下，主偏角 κ_r 越大，越易断屑。（　　）

4. 工件材料的强度和硬度越高，车刀的前角越大，车削时的切削力就越大。（　　）

三、选择题（将正确答案的代号填在括号内）

1. 车削时，比较理想的屑形是短屑中的（　　）切屑和长度在 100 mm 左右的短环形螺旋切屑、短锥形螺旋切屑。

A. 平盘旋状　　B. 锥盘旋状

C. 针形　　D. 短弧形

2．切削用量中对断屑影响最大的是（　　）。

A．背吃刀量　　B．进给量

C．切削速度　　D．背吃刀量和切削速度

3．刀具角度中以主偏角 κ_r 和（　　）对断屑的影响最为明显。

A．副偏角 κ_r'　　B．前角 γ_o

C．主后角 α_o　　D．刃倾角 λ_s

4．一般车削时，当背吃刀量 a_p 不变，进给量 f 增大 1 倍时，主切削力 F_c 增大（　　）。

A．20%～30%　　B．50%

C．70%～80%　　D．120%

5．生产中主偏角 κ_r 为（　　）的车刀断屑性能较好。

A．30°　　B．45°

C．60°　　D．75°～90°

四、名词解释

1．切削过程

2．切削力

3．主切削力

4．背向力

5．进给力

§1-6　切　削　液

一、填空题（将正确答案填在横线上）

1．切削液主要有________、________和________等作用。对于精加工，________作用就显得更加重要。

2．车削时常用的切削液有________切削液和________切削液两大类。其中乳化液属于__________切削液，__________切削液主要起润滑作用。

二、判断题（正确的打“√”，错误的打“×”）

1. 用高速钢刀具粗加工和对钢料精加工时用极压乳化液。（ ）

2. 用硬质合金车刀切削时一般不加切削液，如果使用切削液，必须从开始就连续充分地浇注。（ ）

3. 浇注法是一种简便易行、应用广泛的方法，一般车床均有这种冷却系统。这种方法一般用于半封闭加工或车削难加工材料的场合。（ ）

三、选择题（将正确答案的代号填在括号内）

1. 国内外推广使用的节省能源、有利环保的高性能切削液是（ ）。

A. 水溶液　　B. 乳化液

C. 复合油　　D. 合成切削液

2. 在钻削、铰削和加工深孔等半封闭状态下，优先选用黏度较低的（ ）。

A. 水溶液　　B. 矿物油

C. 动植物油　　D. 极压乳化液或极压切削油

四、名词解释

1. 切削液

2. 极压切削油

五、简答题

1. 使用切削液时应注意什么问题？

2. 用硬质合金车刀对钢料工件进行粗加工和精加工时，如何选用切削液？

第二章　车轴类工件

§2-1　车轴类工件用车刀

一、填空题（将正确答案填在横线上）

1．轴类工件一般由__________、__________、__________、__________、__________、________和__________等结构要素构成。

2．车削轴类工件一般可分为________和________两个阶段。

3．粗车刀必须适应粗车时____________和____________的特点，主要要求车刀有足够的________，能一次________车去较多的余量。

4．为了提高切削刃强度，主切削刃上应磨有________。

5．常用的断屑槽有__________和__________两种，其尺寸主要取决于____________和__________。

6．精车时要求车刀________，切削刃____________，必要时还可磨出__________。切削时必须使切屑排向工件__________表面。

7．倒棱的宽度一般为进给量的________倍，修光刃的长度一般为进给量的__________倍。

8．常用的车外圆、端面和台阶所用车刀，其主偏角有______、______和______等几种。

9．75° 车刀的刀尖角 ε_r________90°，刀尖强度高，适用于__________轴类工件的外圆和对加工余量较大的铸、锻件外圆进行____________，75° 左车刀还适用于车削__________的大端面。

10．90° 车刀又称偏刀，按进给方向分为________和________两种。其中右偏刀一般用来车削工件的________、________和____________。

11．左偏刀一般用来车削____________和____________，也适于车削直径较大和长度较短工件的________。

12．用硬质合金切断刀进行切断时，为使排屑顺利，可将主切削刃两边__________磨成____________。

13．切断直径较大的工件时，为了减少振动，有利于排屑，可采用____________法。

二、判断题（正确的打“√”，错误的打“×”）

1．粗车刀的主偏角越小越好。（　　）

2．粗车刀一般应磨出修圆刀尖或倒角刀尖，精车刀一般应磨出修光刃。（　　）

3．外圆精车刀应选用负值刃倾角，以使切屑排向工件的待加工表面。（　　）

4. 精车刀的修光刃长度应尽量长些。 (　　)

5. 车削塑性材料时，应在车刀前面磨出断屑槽。 (　　)

6. 和 75°、90° 车刀相比，45° 车刀刀尖强度高，最为耐用，因此应用最为广泛。 (　　)

7. 用右偏刀车端面，如果车刀由工件外缘向中心进给，当背吃刀量较大时，容易形成凹面。 (　　)

8. 切断管料时，切断刀刀头长度必须比管子外径的一半长 2 ~ 3 mm。 (　　)

9. 切断时的切削速度是不变的。 (　　)

10. 斜刃切断刀可使切下工件的端面不留凸头，或使切下的带孔工件不留边缘。(　　)

11. 使用高速钢切断刀时进给量要选大些，使用硬质合金切断刀时进给量要选小些。 (　　)

12. 切断时，为提高刀头的支撑刚度，常将切断刀的刀头下部做成凸圆弧形。 (　　)

13. 用硬质合金切断刀切断时不能加注切削液。 (　　)

14. 使用反切刀切断时，由于工件重力与切削力的方向相反，大小相等，故不易引起振动。 (　　)

三、选择题（将正确答案的代号填在括号内）

1. 粗车刀必须适应粗车时（　　）的特点。

A. 吃刀深、转速低　　B. 进给快、转速高

C. 吃刀深、进给快　　D. 吃刀浅、进给快

2. 粗车外圆时，若车刀前角过小，会使切削力（　　）。

A. 增大　　B. 减小　　C. 为零　　D. 不变

3. 粗车钢料外圆时，车刀主切削刃的倒棱前角为（　　）。

A. −30° ~ −10°　　B. −10° ~ −5°

C. −15° ~ −5°　　D. 15° ~ 30°

4. 外圆粗车刀的刃倾角一般取负值，以（　　）。

A. 减小表面粗糙度值　　B. 有利于断屑

C. 提高刀头强度　　D. 提高切削刃强度

5. 工件外圆形状许可时，粗车刀的主偏角最好选（　　）左右。

A. 45°　　B. 75°　　C. 90°　　D. 93°

6. 粗车外圆时，倒角刀尖偏角应磨成（　　）倍的主偏角。

A. 1/4　　B. 1/2　　C. 1　　D. 2

7. 粗车时前角和后角取值应（　　）。

A. 较大些　　B. 较小些

C. 很小　　D. 很大

8. 在车刀主切削刃上磨有倒棱是为了增加（　　）。

A. 刀尖强度　　B. 切削刃强度

C. 刀头强度　　D. 车刀锋利度

9. 粗车外圆时，倒角刀尖长度应刃磨成（　　）mm。

A. 0.2 ~ 0.5　　B. 0.5 ~ 2
C. 2 ~ 4　　D. 4 ~ 8

10. 外圆精车刀上刃磨修光刃的目的是（　　）。
A. 提高刀头强度　　B. 减小表面粗糙度值
C. 改善刀头散热情况　　D. 使车刀锋利

11. 外圆精车刀的刃倾角应取（　　）。
A. 正值　　B. 负值　　C. 零度　　D. 零度或负值

12. 车外圆用的横刃精车刀，在主切削刃上一般磨成（　　）的刃倾角。
A. −30° ~ −10°　　B. −10° ~ 0°
C. 0° ~ 15°　　D. 15° ~ 30°

13. 切断刀有（　　）个刀尖。
A. 1　　B. 2　　C. 3　　D. 4

14. 切断刀有（　　）个刀面。
A. 2　　B. 3　　C. 4　　D. 5

15. 切断刀的主偏角一般取（　　）。
A. 45°　　B. 90°　　C. 75°　　D. 118°

16. 切断刀的两个副偏角均为（　　）。
A. 1° ~ 1.5°　　B. 1.5° ~ 3°
C. 3° ~ 4°　　D. 4° ~ 5°

17. 用高速钢切断刀切断中碳钢工件时，前角应取（　　）。
A. −10° ~ 0°　　B. 0° ~ 15°
C. 20° ~ 30°　　D. 30° ~ 45°

18. 用高速钢切断刀切断铸铁工件时，前角应取（　　）。
A. −10° ~ 0°　　B. 0° ~ 10°
C. 10° ~ 20°　　D. 20° ~ 40°

19. 高速钢切断刀的主后角一般取（　　）。
A. 5° ~ 7°　　B. 2° ~ 4°
C. 10° ~ 12°　　D. 12° ~ 15°

20. 切断刀的两个副后角均取（　　）。
A. 1° ~ 2°　　B. 2° ~ 4°　　C. 4° ~ 6°　　D. 6° ~ 8°

21. 切断刀的刃倾角一般取（　　）。
A. 正值　　B. 负值　　C. 零度

22. 工件被切断处的直径为 49 mm，则切断刀主切削刃宽度应刃磨在（　　）mm 的范围内。
A. 2 ~ 2.6　　B. 3.5 ~ 4.2
C. 4 ~ 4.6　　D. 5 ~ 5.6

23. 工件被切断处的直径为 80 mm，则切断刀刀头长度应刃磨在（　　）mm 的范围内。
A. 42 ~ 43　　B. 45 ~ 48
C. 25 ~ 35　　D. 35 ~ 40

四、简答题

1．车台阶轴常用哪几种车刀？各有什么用途？

2．车台阶轴时对粗车刀有什么要求？应如何选用？

3．车台阶轴时对精车刀有什么要求？应如何选用？

4．横槽精车刀有什么特点？

5．简述弹性切断刀的优点。

6．简述反向切断法的优点。

五、计算题

1．切断直径为 64 mm 的实心工件，求切断刀的主切削刃宽度和切入长度。

2．切断外径为 50 mm、孔径为 28 mm 的空心工件，试计算切断刀的主切削刃宽度和刀头长度。

六、应用题

1．用 45° 车刀粗车端面时，如果工件材料为 45 钢，试在图 2–1 中填上 45° 车刀的几何参数值。

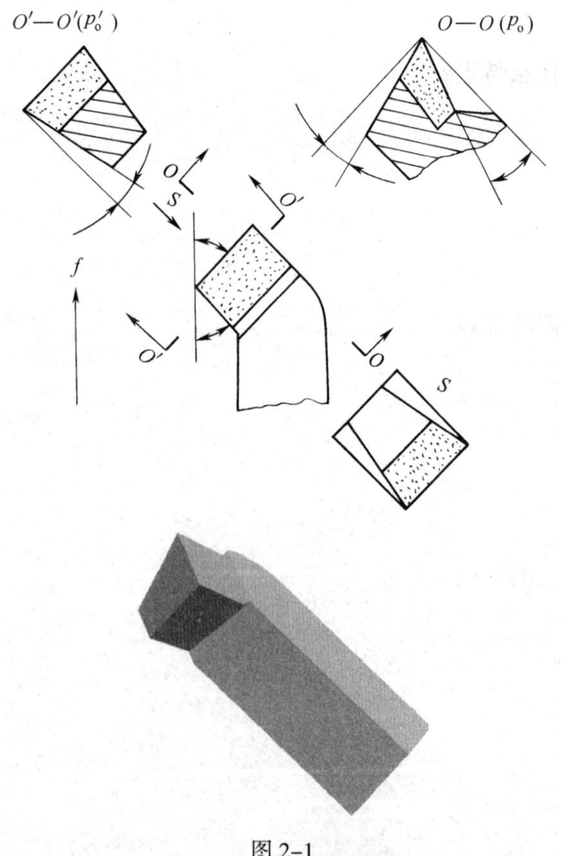

图 2–1

2．在图 2–2 所示高速钢切断刀的车刀图上标注出几何参数值。

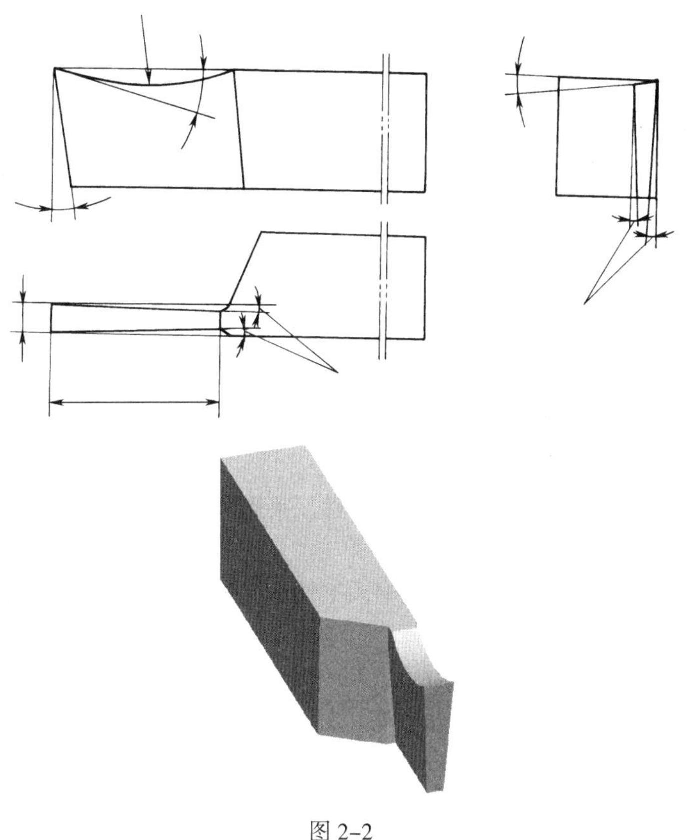

图 2–2

§2–2　轴类工件的装夹

一、填空题（将正确答案填在横线上）

1．根据轴类工件的形状、大小、加工精度和数量的不同，常用＿＿＿＿＿＿＿＿装夹、＿＿＿＿＿＿＿装夹、＿＿＿＿＿＿＿装夹和＿＿＿＿＿＿装夹。

2．三爪自定心卡盘的规格是卡盘直径，常用的有＿＿＿＿＿mm、＿＿＿＿＿mm、＿＿＿＿＿mm 三种。

3．三爪自定心卡盘和四爪单动卡盘均可装成＿＿＿＿＿＿和＿＿＿＿＿两种形式。

4．三爪自定心卡盘的卡爪是＿＿＿＿＿运动的，四爪单动卡盘的卡爪是＿＿＿＿＿＿＿运动的。

5．三爪自定心卡盘装夹工件＿＿＿＿＿＿、＿＿＿＿＿＿，夹紧力较＿＿＿＿，适用于装夹＿＿＿＿＿＿＿的＿＿＿＿＿＿工件。

6．四爪单动卡盘的规格是卡盘直径，常用的有＿＿＿＿＿mm、＿＿＿＿＿mm、＿＿＿＿mm

三种。

7．四爪单动卡盘夹紧力________，适用于装夹______或形状__________的工件。

8．中心孔的基本尺寸为________________，它是选取中心钻的依据。

9．国家标准规定中心孔有____型、____型、____型和____型四种。

10．顶尖的作用是__________、____________和__________。

11．前顶尖有装夹在____________的前顶尖和____________前顶尖两种结构。

12．后顶尖有________顶尖和________顶尖两种。

13．固定顶尖的特点是刚度____，定心________，但只适用于__________加工精度要求________的工件。

二、判断题（正确的打“√”，错误的打“×”）

1．由于三爪自定心卡盘的三个卡爪是同步运动的，能自动定心，因此工件装夹后不需要进行找正。（ ）

2．对需要经过多次装夹或工序较多的工件，采用两顶尖装夹比一夹一顶装夹易保证加工精度。（ ）

3．一夹一顶装夹工件，在车削过程中，工件从后顶尖上掉下来，是由于切削力的作用而使工件发生轴向位移。（ ）

4．一夹一顶装夹比两顶尖装夹的刚度低。（ ）

5．车削外圆时，前、后顶尖不对正就会出现锥度误差。（ ）

6．R 型中心孔的形状与 C 型中心孔相似，只是将 C 型中心孔的 60° 圆锥面改成圆弧面，这样使其与顶尖的配合变成线接触。（ ）

7．中心孔中圆锥孔的圆锥角一般为 60°，重型工件用 75° 或 90°。它与顶尖锥面配合，起定心作用并承受工件重力和切削力，因此圆锥孔的表面质量要求较高。（ ）

8．圆柱孔直径 $d \leqslant 6.3$ mm 的中心孔常用高速钢制成的中心钻直接钻出，$d>6.3$ mm 的中心孔常用锪孔或车孔等方法加工。（ ）

9．固定顶尖容易产生过多热量而将中心孔或顶尖“烧坏”，所以一定要在中心孔里加润滑脂。（ ）

10．固定顶尖只适用于低速加工精度要求较高的工件。（ ）

11．使用回转顶尖比固定顶尖车出的工件精度高。（ ）

三、选择题（将正确答案的代号填在括号内）

1．A 型、B 型、C 型中心孔的圆锥角一般为（ ）。

A．30°　　B．40°　　C．50°　　D．60°

2．当工件的精度要求较高或工序较多时，可选用（ ）型中心钻。

A．A　　B．B　　C．C　　D．R

3．调整锥度时，如果车出工件（ ）直径大，（ ）直径小，尾座应向操作者方向移动；如果车出工件（ ）直径小，（ ）直径大，尾座移动方向则相反。

A．左端　　B．右端

四、名词解释

1. 一夹一顶装夹

2. 两顶尖装夹

五、简答题

1. 简述使用一夹一顶和两顶尖装夹工件时的注意事项。

2. 钻中心孔时，中心钻折断的原因是什么？

§2-3 轴类工件的检测

一、填空题（将正确答案填在横线上）

1. 国家标准规定，在机械工程图样中所标注的线性尺寸一般以________为单位。
2. 我国规定限制使用英制单位，机械工程图样上所标注的英制尺寸以________为单位。

3. 毫米和英寸的换算关系是 1 in=________mm。

4. 车工最常用的中等精度的通用量具是__________。按其式样不同，可分为________游标卡尺和________游标卡尺。

5. 游标卡尺的下量爪用来测量工件的________和________，上量爪可以测量工件的________和________，深度尺可以用来测量工件的________和台阶的________。

6. __________是生产中最常用的一种精密量具。

7. 在大批量生产时，常使用________来检验工件的外径或其他外表面。

8. $2\frac{3}{16}$ in=________mm，215.9 mm=________in。

9. 常用的百分表有________和________两种。

10. 百分表和千分表是一种________量仪。

11. 一般用________来测量轴类工件的圆柱度误差。

12. 指示表应固定在________或指示表________上使用，表架上的接头即伸缩杆，可以调节指示表的上下、前后、左右位置。

13. 测量前，应转动指示表表圈，使表的长指针对准“________”刻线。

14. 测量平面或工件的外圆时，钟面式指示表的测杆应与被测平面或轴类工件中心线________且位于最________点处。

15. 精密测量时一定要使工件和量具、量仪都在________℃的情况下进行测量。一般可在室温下进行测量，但必须使工件与量具的温度________。

二、判断题（正确的打“√”，错误的打“×”）

1. 用双面游标卡尺测量孔径时，一般应将游标卡尺的读数值加 10 mm。（ ）

2. 千分尺在测量前必须校正零位。（ ）

3. 千分尺固定套管直线距离为每格 1 mm。（ ）

4. 千分尺测微螺杆的移动量通常为 40 mm。（ ）

5. 千分尺测微螺杆移动 0.01 mm，微分套筒应转 1/100 r。（ ）

6. 测量轴类工件的圆柱度误差时，只要在被测表面的全长上取前、后、中几点，比较其测量值，其最大值与最小值之差的一半即为被测表面全长上的圆柱度误差。（ ）

7. 用两顶尖装夹测量轴类工件的轴向圆跳动误差时，先把杠杆式指示表的圆测头靠在需要测量的左侧或右侧端面上，转动工件，测得指示表读数差的一半就是轴向圆跳动误差。（ ）

8. 用两顶尖装夹测量轴类工件的径向圆跳动误差时，先把杠杆式指示表的圆测头放在需要测量的外圆上，转动工件，测得指示表读数差的一半就是径向圆跳动误差。（ ）

9. 测量时，百分表测杆的行程不要超过它的示值范围，以免损坏表内零件。（ ）

10. 机床运行时可以用量具和量仪测量工件，以减少辅助时间，提高效率。（ ）

11. 量具和量仪绝对不能作为其他工具的代用品。（ ）

12. 使用者发现量具和量仪有不正常现象时，应及时自行拆开修理。（ ）

三、简答题

1．卡规的优点和缺点是什么？

2．简述游标分度值为 0.02 mm 的游标卡尺的读数方法。

3．简述千分尺的读数方法。

四、应用题

1．读出图 2–3 所示游标卡尺所表示的尺寸。

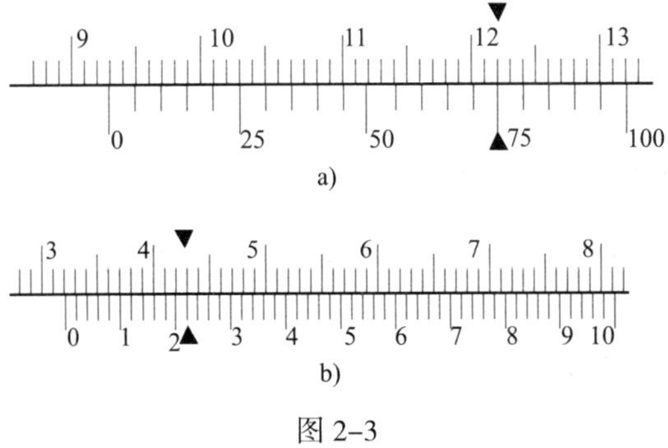

图 2–3

2．判断图 2–4 所示千分尺的分度值，并读出所表示的尺寸。

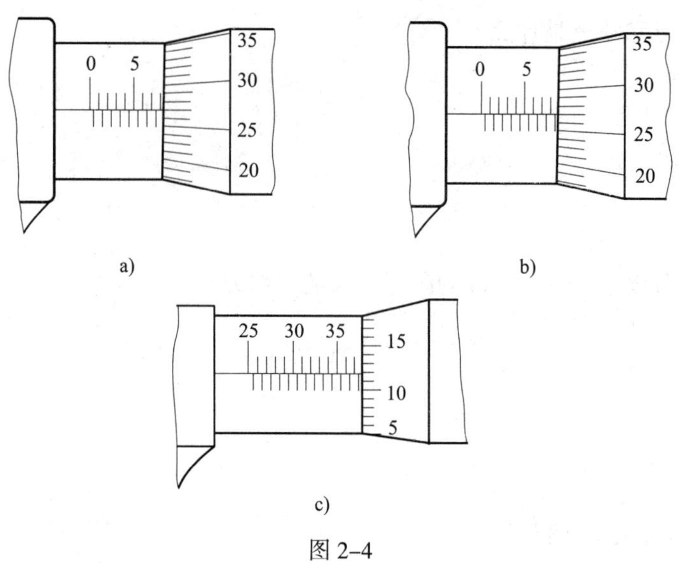

图 2–4

§2–4　轴类工件的车削工艺及车削质量分析

一、填空题（将正确答案填在横线上）

1．车削铸、锻件时，应先适当________后再车削，以避免损坏车刀。

2．轴类工件的定位基准通常选用________。

二、判断题（正确的打“√”，错误的打“×”）

1．用两顶尖装夹车削轴类工件，至少要装夹三次，即粗车一端，再掉头粗车和精车另一端，最后掉头精车第一端。（　　）

2．用一夹一顶或两顶尖装夹工件时，如果后顶尖轴线不在主轴轴线上，容易产生锥度。（　　）

3．由于切削热的影响，会使车出工件的尺寸发生变化。（　　）

4．车床主轴间隙过大，会使车出的工件产生锥度。（　　）

5．切削用量选用不当，会使工件表面粗糙度达不到要求。（　　）

三、选择题（将正确答案的代号填在括号内）

1．用两顶尖装夹车削轴类工件时，圆度超差的原因是（　　）。

A．中心孔接触不良　　B．后顶尖顶得不紧

C．前顶尖产生径向圆跳动　　D．后顶尖产生径向圆跳动

2．车外圆时，表面粗糙度达不到要求的原因是（　　）。

A．切削热的影响　　B．机动进给没有及时关闭

C．尺寸计算错误　　D．振动

四、简答题

1．车削轴类工件外圆时，产生锥度的原因是什么？

2．车削轴类工件时，表面粗糙度达不到要求的原因是什么？

3．怎样防止和消除车削时的振纹？

五、应用题

1. 图 2–5 所示的台阶轴，工件材料为热轧圆钢，材料牌号为 45 钢，毛坯尺寸为 ϕ65 mm × 205 mm，数量为 150 件。试写出该工件的车削工艺步骤。

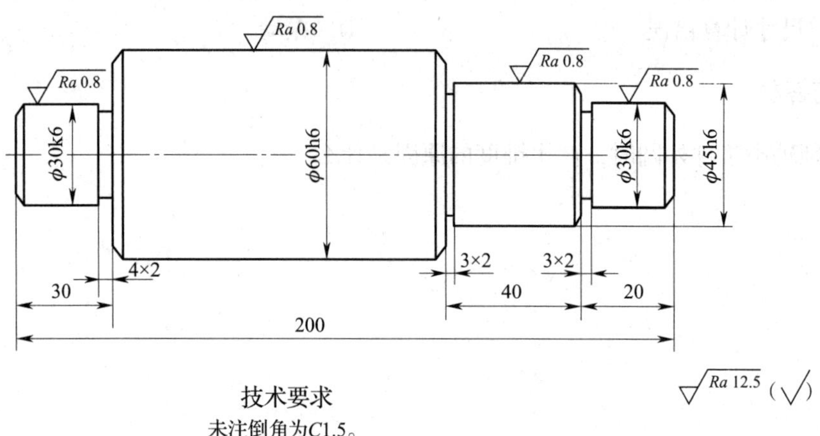

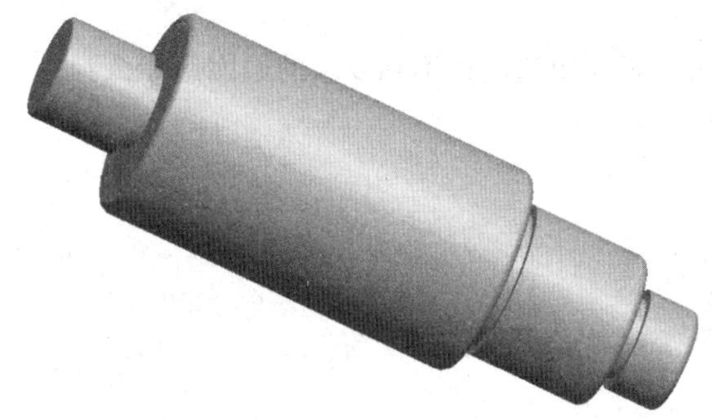

图 2–5

2. 图 2-6 所示的台阶轴，工件材料为热轧圆钢，材料牌号为 45 钢，毛坯尺寸为 ϕ35 mm × 125 mm，数量为 10 件。写出该工件的车削工艺步骤。

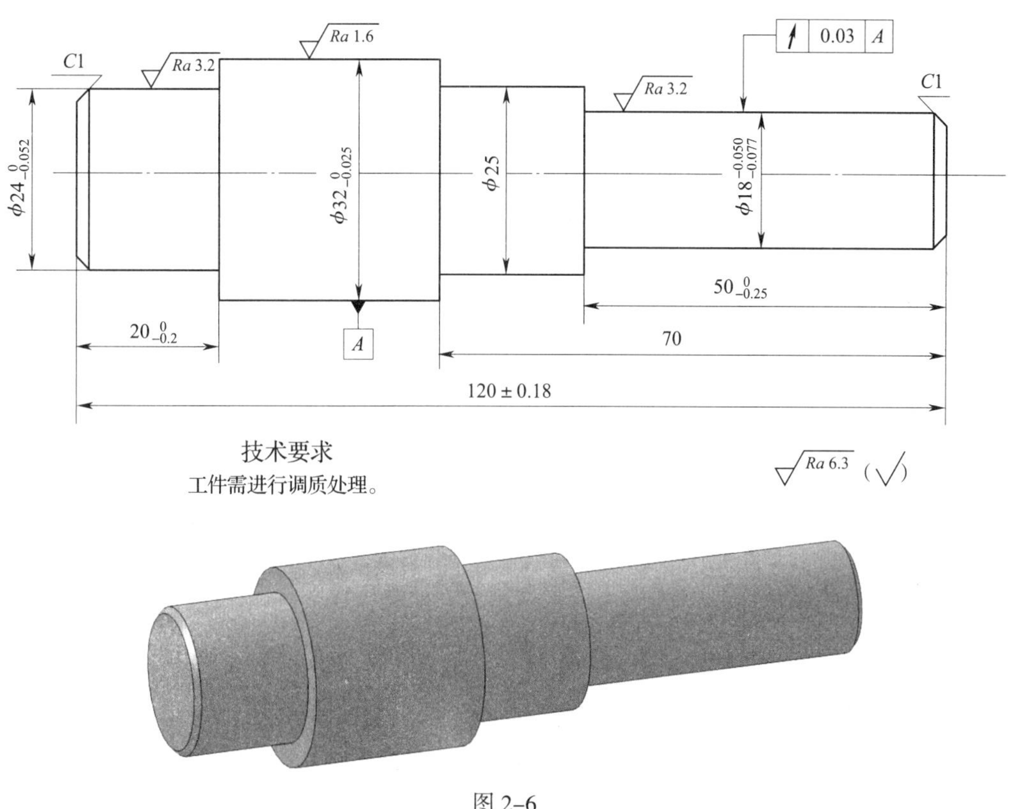

图 2-6

3. 图 2–7 所示的传动轴，工件材料为热轧圆钢，材料牌号为 45 钢，毛坯尺寸为 $\phi 40$ mm × 285 mm，数量为 10 件。试写出该工件的车削工艺步骤。

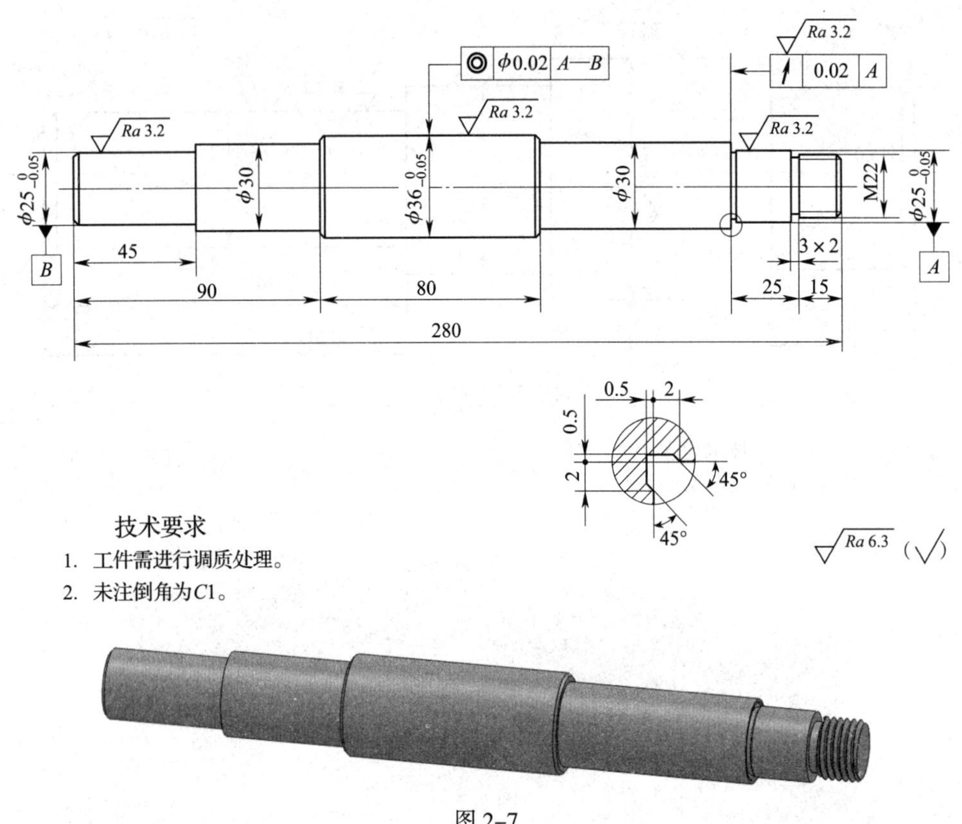

图 2–7

第三章　套类工件的加工

§3–1　钻　　孔

一、填空题（将正确答案填在横线上）

1．钻头根据形状和用途不同，可分为________、________、________和________等。

2．钻头一般用__________制成。由于高速切削的发展______________的钻头也得到了广泛的应用。

3．麻花钻由________、________和___________组成。

4．麻花钻的柄部在钻削时起______________和______________的作用，有___________和___________两种。

5．麻花钻的工作部分由________部分和________部分组成。

6．麻花钻的工作部分有两条螺旋槽，它的作用是__________、__________________和____________。

7．麻花钻的导向部分在钻削过程中起________________、____________的作用，同时也是切削部分的________部分。

8．麻花钻主切削刃上各点的前角数值是变化的，靠________处最大，自__________向________逐渐减小，约在钻头直径的____处，前角由________变为________。

9．对麻花钻前角的变化影响最大的是____________。____________越大，前角也越大。

10．麻花钻的后角在____________内测量。

11．横刃斜角的大小由__________决定，__________增大时，横刃斜角就减小，横刃变____。

12．麻花钻的横刃加长会使________力增大。

13．刃磨麻花钻时，一般只刃磨两个__________，但同时要保证________、________和____________正确。

14．刃磨不正确的麻花钻有______________、____________________、________________________等情况。

二、判断题（正确的打“√”，错误的打“×”）

1．麻花钻的顶角为 118° 左右，横刃斜角为 55° 左右。（　　）

2．只有把麻花钻的顶角刃磨成 118° 时，钻头才能使用。（　　）

3．麻花钻的顶角大时，前角也大，切削省力。（　　）

4．麻花钻的最外缘处前角最大，后角最小。（　　）

5．在麻花钻的导向部分制出棱边是为了减小麻花钻与孔壁之间的摩擦。（　）
6．钻孔时不宜选择较高的机床转速。（　）
7．孔将要钻穿时，进给量可以取大一些。（　）
8．钻铸铁时进给量可比钻钢料略大一些。（　）

三、选择题（将正确答案的代号填在括号内）

1．麻花钻上靠外缘处最小的角度是（　）。
A．螺旋角　B．前角　C．后角　D．横刃斜角
2．标准麻花钻的螺旋角应为（　）。
A．15°～20°　B．18°～30°
C．40°～50°　D．−30°～30°
3．麻花钻的名义螺旋角是指（　）的螺旋角。
A．外缘处　B．钻心处
C．1/3 直径处　D．1/2 直径处
4．对麻花钻前角影响最大的是（　）。
A．螺旋角　B．后角
C．横刃斜角　D．顶角
5．麻花钻的前角外缘处（　），中心处（　）；后角外缘处（　），中心处（　）。
A．最大　B．最小　C．为 0°
6．麻花钻前角的变化范围为（　）。
A．18°～30°　B．−30°～30°
C．8°～12°　D．−30°～55°
7．一般标准麻花钻的顶角为（　）。
A．118°　B．100°　C．150°　D．132°
8．当麻花钻的两条主切削刃呈凹曲线形状时，其顶角 $2\kappa_r$（　）118°。
A．大于　B．等于
C．小于　D．大于或等于
9．麻花钻的顶角增大时，前角（　）。
A．增大　B．减小　C．无变化
10．麻花钻的横刃太短，会影响钻尖的（　）。
A．耐磨性　B．强度　C．抗振性　D．韧性
11．钻出的孔扩大并且倾斜，是因为麻花钻的（　）。
A．顶角不对称　B．切削刃长度不等
C．顶角不对称且切削刃长度不等
12．钻孔时的背吃刀量是麻花钻的（　）。
A．直径尺寸　B．半径尺寸
C．直径的 1/3　D．半径的 1/2

四、名词解释

1. 钻孔

2. 螺旋角

3. 顶角

4. 横刃

5. 横刃斜角

五、简答题

麻花钻的刃磨要求有哪些？

六、计算题

用直径为 15 mm 的麻花钻钻孔，工件材料为 45 钢，若选用车床主轴转速为 710 r/min，求背吃刀量 a_p 和切削速度 v_c。

七、应用题

指出图 3–1 所示麻花钻的前面、主后面、副后面、主切削刃、副切削刃、横刃和棱边。

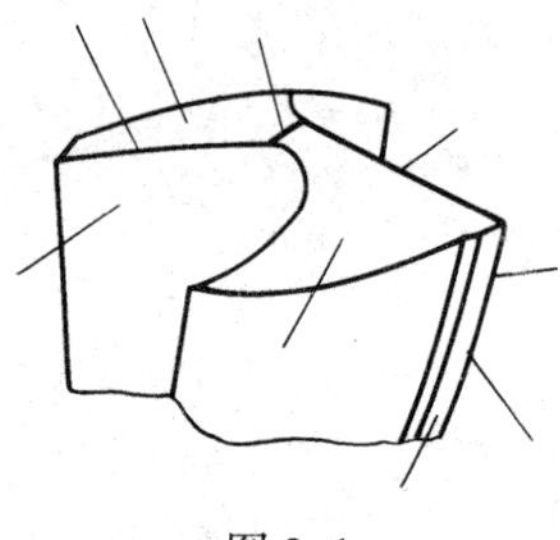

图 3–1

§ 3–2　扩孔和锪孔

一、填空题（将正确答案填在横线上）

1．扩孔精度一般可达________________，表面粗糙度值可达________________左右。

2．常用的扩孔刀具有____________和____________等。

3．精度要求一般的孔，扩孔可用______________；精度要求较高的孔，半精加工可用______________。

4．扩孔时的背吃刀量是____________的一半。

5．圆锥形锪钻有____________、____________和____________等几种。

二、判断题（正确的打“√”，错误的打“×”）

1．扩孔时进给量可比钻孔时大 1 倍。（　　）

2．扩孔时背吃刀量是扩孔钻直径的 1/2。（　　）

三、选择题（将正确答案的代号填在括号内）

1．用麻花钻扩孔时，应把钻头外缘处的前角修磨得（　　）。

A．小些　　B．大些　　C．和钻孔一样大

2．锪削圆柱孔直径 d>6.3 mm 中心孔的圆锥孔和护锥用（　　），孔口倒角和锪埋头螺

钉孔用（　　）。

A．60°锪钻　　B．90°锪钻　　C．120°锪钻

四、名词解释

1．扩孔

2．锪孔

五、简答题

扩孔钻的主要特点有哪些？

六、计算题

加工直径为 50 mm 的孔，先用 ϕ30 mm 的麻花钻钻孔，选用车床主轴转速为 320 r/min，然后用同样的切削速度，用 ϕ50 mm 的麻花钻将孔扩大，求：

（1）扩孔时的背吃刀量。

（2）扩孔时车床的主轴转速。

§3-3 车　孔

一、填空题（将正确答案填在横线上）

1．车孔精度可达＿＿＿＿＿＿，表面粗糙度值可达＿＿＿＿＿＿，车孔还可以修正孔的＿＿＿＿＿。

2．内孔车刀可分为＿＿＿＿＿＿和＿＿＿＿＿＿两种。

3．盲孔车刀用来车削＿＿＿＿或＿＿＿＿。

4．车平底盲孔时，刀尖在刀柄的＿＿＿＿＿，刀尖与刀柄外端的距离应＿＿＿＿内孔半径，否则孔底平面就无法车平。

二、判断题（正确的打“√”，错误的打“×”）

1．前排屑通孔车刀的刃倾角为正值，后排屑盲孔车刀的刃倾角为负值。（　　）

2．盲孔车刀的主偏角应大于 90°。（　　）

3．盲孔车刀的副偏角应比通孔车刀大些。（　　）

4．车孔时，若内孔车刀刀尖高于工件中心，则前角增大，后角减小。（　　）

三、选择题（将正确答案的代号填在括号内）

1．通孔车刀的主偏角一般取（　　），盲孔车刀的主偏角一般取（　　）。

A．35°～45°　　B．60°～75°　　C．90°～95°

2．前排屑通孔车刀应选择（　　）刃倾角。

A．正值　　B．负值　　C．零度

3．车孔时的进给量要比车外圆时小（　　），切削速度要比车外圆时低（　　）。

A．20%～40%　　B．30%～50%　　C．10%～20%

四、简答题

车孔的关键技术问题是什么？如何解决？

§ 3–4　车内槽、端面直槽和轴肩槽

一、填空题（将正确答案填在横线上）

1. 常见的内槽有__________、______________、______________和__________等类型。
2. 端面直槽车刀的几何形状是______车刀与______车刀的综合。
3. 装夹端面直槽车刀时，注意使其主切削刃____________工件轴线。
4. 车端面直槽用的车槽刀，其左侧副后面必须磨成________形，并保证一定的后角。

二、简答题

1. 车平面直槽刀的几何形状有什么特殊要求？

2. 轴肩槽有哪几种形式？

§ 3–5　铰　　孔

一、填空题（将正确答案填在横线上）

1. 铰孔特别适合加工直径________、长度________的通孔。
2. 铰孔的精度可达____________，表面粗糙度值可达____________。
3. 铰刀由____________、________和________组成。
4. 铰刀的柄部有__________、__________和__________三种。
5. 铰刀的工作部分由____________、____________、____________和________组成。
6. 铰刀最容易磨损的部位是____________和____________的过渡处，而且这个部分直接影响工件的表面粗糙度，因而该处不能有________。

7．铰刀的刃齿数一般为________齿，为了测量直径的方便，应采用________齿。

8．铰刀按使用方式可分为________铰刀和________铰刀。

9．铰孔前必须调整尾座套筒轴线，使其与主轴轴线重合，同轴度最好找正在______mm之内；或使用________套筒。

二、判断题（正确的打"√"，错误的打"×"）

1．正值刃倾角铰刀不适用于加工盲孔。（　　）

2．铰孔能修正孔的直线度误差。（　　）

3．铰削时，切削速度越低，表面粗糙度值越小。（　　）

4．铰孔前，孔的表面粗糙度 Ra 值要小于 6.3 μm。（　　）

5．使用浮动套筒能够改善孔的直线度和同轴度。（　　）

三、选择题（将正确答案的代号填在括号内）

1．铰出的孔径缩小是由于使用了（　　）。

A．水溶性切削液　B．油溶性切削液　C．干切削

2．铰削铸件时，可采用（　　）作切削液。

A．乳化液　B．切削油　C．煤油

3．采用（　　）铰出的孔表面质量最好，采用（　　）铰出的孔表面质量最差。

A．水溶性切削液　B．油溶性切削液　C．干切削

4．铰孔时的切削速度应取（　　）m/min 以下。

A．10　B．5　C．20

5．用高速钢铰刀精加工孔时，铰削余量应留（　　）mm。

A．1 ~ 1.5　B．0.4 ~ 0.8　C．0.08 ~ 0.12　D．0.15 ~ 0.2

四、简答题

1．什么是铰孔？铰孔适用于什么场合？

2．铰孔时分别使用新铰刀以及磨损到一定程度的铰刀，如何选择切削液来延长铰刀使用寿命？

五、应用题

1．图 3–2 所示的垫套，工件材料牌号为 HT150，毛坯尺寸为 ϕ55 mm × 95 mm，数量为 10 件，用钻孔、扩孔、铰孔的方法加工孔。试写出车削工艺步骤。

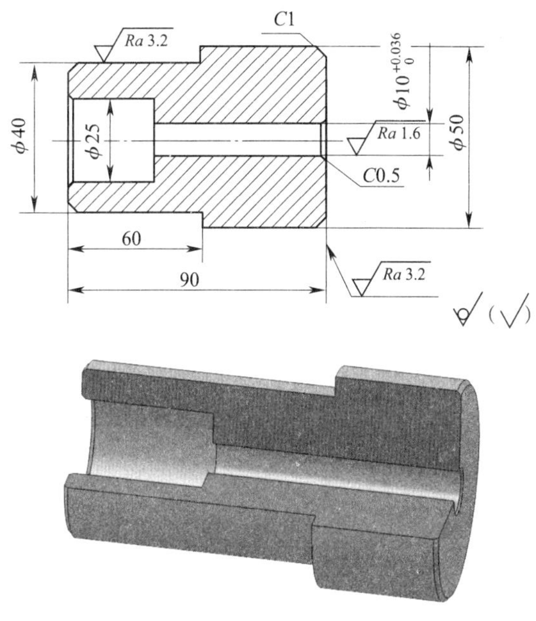

图 3–2

2．图 3–3 所示的垫套，工件材料牌号为 HT150，毛坯尺寸为 ϕ55 mm × 95 mm，数量为 10 件，用车孔后铰孔的方法加工孔。试写出车削工艺步骤。

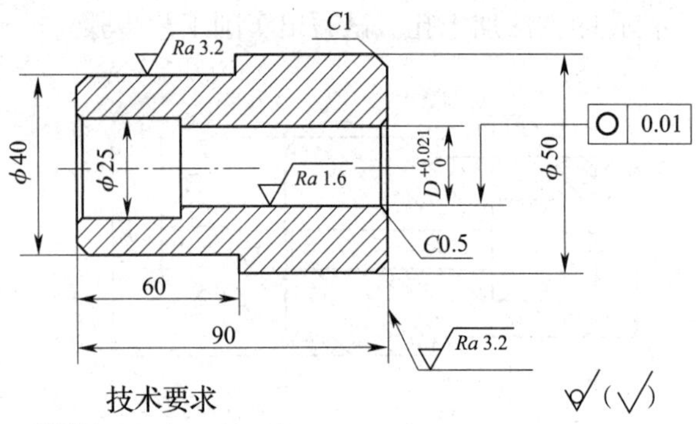

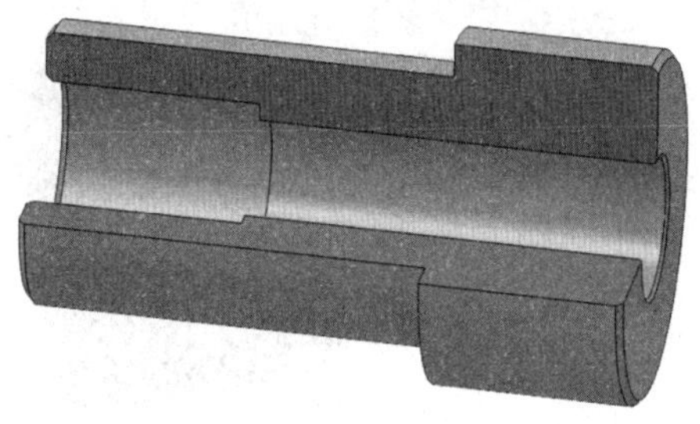

图 3–3

§3-6　套类工件几何公差的保证方法

一、填空题（将正确答案填在横线上）

1. 加工外圆直径很大、内孔直径较小、定位长度较短的工件时，多以________为基准来保证工件的位置精度。

2. 以外圆为基准装夹工件时，一般应使用__________。

3. 常用的心轴有________心轴和________心轴等。

二、判断题（正确的打“√”，错误的打“×”）

1. 胀力心轴与实体心轴相比装卸方便，定心精度高。（　　）

2. 带台阶的心轴若装上快换垫圈，则装卸工件就更加方便。（　　）

三、选择题

1.（　　）心轴的特点是制造容易，定心精度高，但轴向无法定位，承受切削力小，工件装卸时不太方便。

A. 实体　　B. 胀力　　C. 小锥度　　D. 带台阶的

2. 胀力心轴的圆锥角最好为（　　）左右，最薄部分的壁厚可为 3 ~ 6 mm。

A. 30°　　B. 45°　　C. 60°　　D. 120°

四、简答题

1. 使用软卡爪装夹工件有什么优点？

2. 简述小锥度心轴的优缺点。

3. 套类工件几何公差的保证方法有哪些？各适用于什么场合？

§3–7 套类工件的测量

一、填空题（将正确答案填在横线上）

1. 套类工件的测量项目主要包括________的测量、________的测量等内容。

2. 套类工件的形状公差常用______________来测量。

3. 测量方向公差、位置公差和跳动公差的常用量具是____________和______________。

4. 测量精度较高、深度较小的孔的孔径时可采用__________。

5. 测量大于 ϕ50 mm 的精度较高、深度较大的孔的孔径时可采用______________。

6. 测量 ϕ6 ~ 100 mm 的精度较高、深度较大的孔的孔径时可采用_____________。

7. 使用内径千分表测量属于________测量法。

8. 在车床上加工的圆柱孔，一般仅测量孔的________和________两项形状误差。

9. 外形比较简单而内部形状比较复杂的套筒，可以______为基准来测量径向圆跳动误差。

二、判断题（正确的打“√”，错误的打“×”）

1. 内卡钳与千分尺配合使用也能测量出较高精度的孔径。（　）

2. 用内径千分表（或百分表）在孔圆周的各方向上所测的最大值与最小值之差，即为孔的圆度误差。（　）

3. 在孔的全长上任取几点，比较其测量值，其最大值与最小值之差的一半，即为孔全长上的圆柱度误差。（　）

4. 用百分表测量工件位置精度时，若工件的轴向圆跳动为零，那么工件端面对轴线的垂直度也为零。（　）

5. 使用卡钳时，先用两只手把卡钳调整到与工件尺寸相近的开口，然后轻敲卡钳外侧来增大卡钳的开口，敲击卡钳内侧来减小卡钳的开口，但不能直接敲击钳口。（　）

6. 手持塞规插入和拔出孔时不得歪斜，应该顺着孔的中心线插入孔内，否则易发生测量误差或将塞规卡住。（　）

7. 使用内测千分尺、内径千分尺或三爪内径千分尺时，应首先用标准环规校对其“0”刻线。（　）

8. 使用内测千分尺、内径千分尺或三爪内径千分尺时，必须使量爪或测头小于孔径，插入孔内再通过旋拧棘轮等测力手柄使量爪或测头张开，不得硬塞和拉出。（　　）

三、选择题（将正确答案的代号填在括号内）

1. 常用（　　）测量套类工件的形状精度。

A. 百分表　　B. 千分表

C. 内径千分表　　D. 内测千分尺

2. 用塞规检验内孔尺寸时，如通端和止端均进入孔内，则孔径（　　）。

A. 大　　B. 小　　C. 合格

3. 用塞规检验盲孔时，如通端不能进入孔内，可能是（　　）。

A. 孔径小　　B. 孔径大　　C. 塞规无排气孔

4. 内径千分尺在孔内摆动，在直径方向找出（　　）读数，轴向找出（　　）读数，这两个重合读数就是孔的实际尺寸。

A. 最大　　B. 最小　　C. 最大或最小

5. 测量一般套类工件的径向圆跳动误差时，都可以用（　　）作为基准。

A. 外圆　　B. 端面　　C. 内孔

6. 百分表用来测量工件的（　　）。

A. 同轴度误差　　B. 表面粗糙度　　C. 尺寸精度

四、简答题

1. 塞规通端和止端的基本尺寸各等于什么?

2. 如何测量工件孔的圆柱度误差?

3．怎样检验一般套类工件的径向圆跳动和轴向圆跳动？

§3–8　套类工件的车削工艺及车削质量分析

一、填空题（将正确答案填在横线上）

1．套类工件一般由________、________、________、________和__________等结构要素组成。

2．在车削短而小的套类工件时，为了保证内外圆的同轴度，最好在____次装夹中把内孔、外圆及端面都加工完毕。

3．如果工件以内孔定位车外圆，在精车内孔后，对________也应进行一次精车，以保证端面与内孔的________要求。

二、简答题

1．简述造成孔的圆柱度超差的原因。

2．铰孔时，孔的表面粗糙度值大的原因是什么？

3．套类工件同轴度和垂直度超差的原因是什么？

三、应用题

1．图 3–4 所示的端套是平底盲孔套类工件，加工数量为 5 件，工件材料为热轧圆钢，牌号为 45 钢，毛坯尺寸为 ϕ46 mm × 190 mm。试写出该端套的车削工艺步骤。

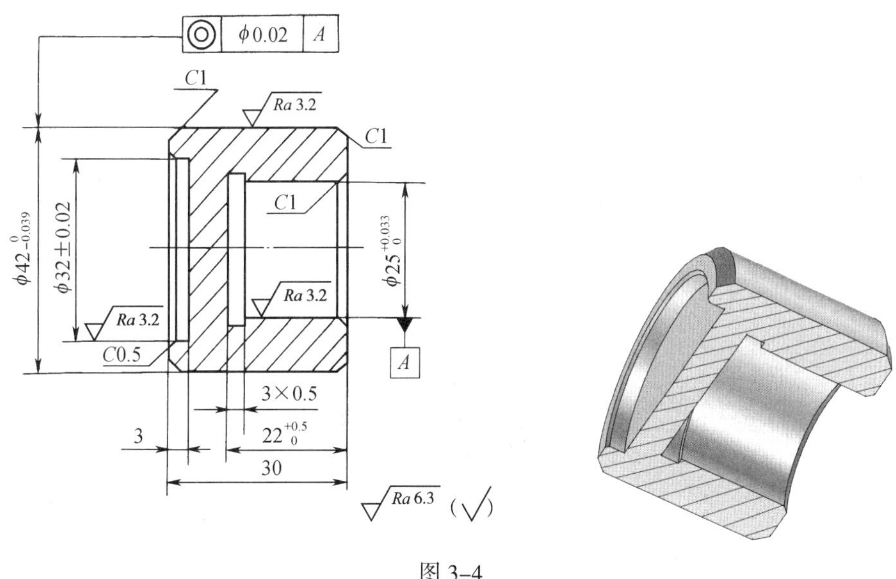

图 3–4

2．图 3–5 所示齿轮工件的材料为热轧圆钢，牌号为 45 钢，毛坯为锻件，毛坯尺寸为 ϕ80 mm × 30 mm，数量为 6 件。试进行工艺分析并写出车削工艺步骤。

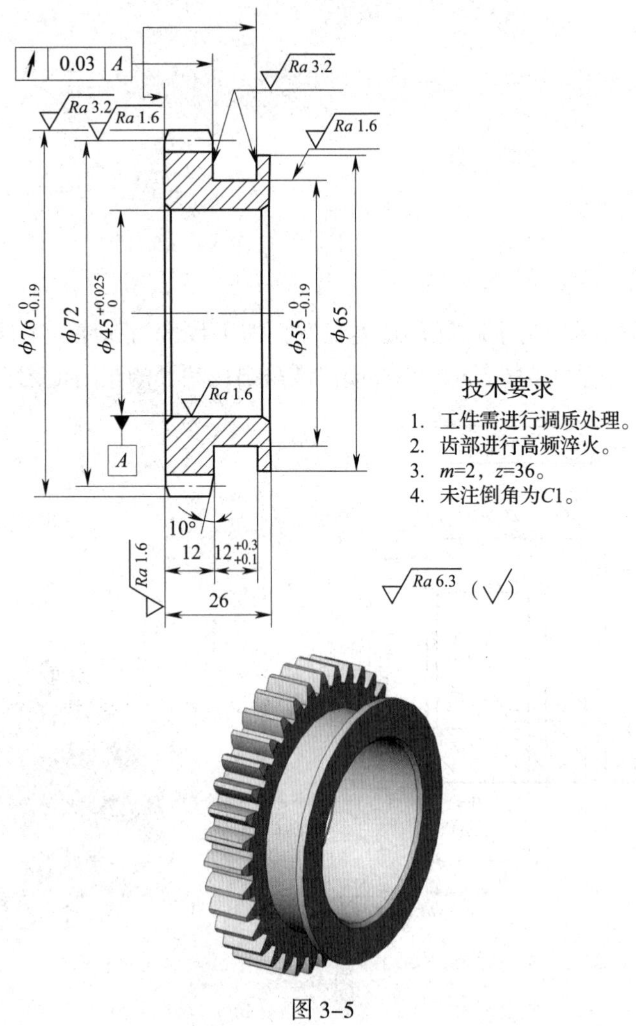

图 3–5

第四章　车圆锥和特形面

§4–1　圆锥的基础知识

一、填空题（将正确答案填在横线上）

1．圆锥分为_________和_________两种。

2．圆锥的基本参数是____________、____________、___________和_______。

3．当圆锥半角 $\alpha/2<6°$ 时，可用公式 $\alpha/2\approx$______________来计算。

4．常用的标准工具圆锥有___________和___________两种。

5．莫氏圆锥是机械制造业中应用最为广泛的一种圆锥，共有_____个号码，其中最小的是____号，最大的是____号。

6．米制圆锥有____、____、____、____、____、____和____共 7 个号码，它们的号码是指______________，其锥度为________。

二、判断题（正确的打“√”，错误的打“×”）

1．圆锥配合时，圆锥角越小，定心精度越高。（　　）

2．圆锥长度是最大圆锥直径与最小圆锥直径之间的距离。（　　）

3．锥度是最大圆锥直径和最小圆锥直径之差与圆锥长度之比。（　　）

4．圆锥半角与锥度属于同一参数。（　　）

5．莫氏圆锥的号码越大，锥度越大。（　　）

6．在莫氏圆锥中，虽然号数不同，但圆锥角都相同。（　　）

7．米制圆锥的号码指最小圆锥直径。（　　）

8．米制圆锥各号码的锥度均相等。（　　）

三、选择题（将正确答案的代号填在括号内）

1．圆锥的基本参数是指（　　）。

A．最大圆锥直径　　B．最小圆锥直径

C．圆锥长度　　D．锥度

2．莫氏圆锥属于（　　）标准工具圆锥。

A．国家　　B．国际

C．行业　　D．专用

3．不同号码的莫氏圆锥，其线性尺寸（　　），圆锥半角（　　）。

A．不同　　B．相同

4．常用的工具圆锥有（　　）种。

A．3　　B．2　　C．4　　D．5

四、名词解释

1．圆锥角

2．锥度

五、简答题

用公式表示锥度和圆锥半角 $\alpha/2$ 之间的关系。

六、计算题

1．根据下列已知条件，用查三角函数表的方法计算圆锥半角 $\alpha/2$。

（1）D=24 mm，d=20 mm，L=46 mm。

（2）D=62 mm，d=48 mm，L=108 mm。

（3）D=48 mm，d=32 mm，L=82 mm。

（4）C=1∶4。

（5）C=1∶20。

2．有一外圆锥，已知 D=80 mm，d=70 mm，L=100 mm，分别用查三角函数表和近似法计算圆锥半角 $\alpha/2$。

3．已知最大圆锥直径 D=24 mm，最小圆锥直径 d=23 mm，圆锥长度 L=82 mm，用近似法计算圆锥半角 $\alpha/2$。

4．根据以下条件，用近似法计算圆锥半角 $\alpha/2$。

（1）D=25 mm，d=24 mm，L=25 mm。

（2）C=1∶20。

（3）C=1∶50。

5．已知最大圆锥直径为 58 mm，圆锥长度为 100 mm，锥度为 1∶5，求最小圆锥直径 d。

6．根据表 4–1 所列的已知条件，求 D、d、L、C、$\alpha/2$ 等未知参数值，填入表中。

表 4–1

序号	D	d	L	C	$\alpha/2$
1	100	80	120		
2	46		64	1∶4	
3		64	80	1∶20	
4	52	42			15°

7. 有一 160 号的米制圆锥，圆锥长度为 120 mm，求最小圆锥直径 d。

§4–2　车圆锥的方法

一、填空题（将正确答案填在横线上）

1. 车圆锥时，一般先保证________，然后精车控制________。
2. 转动小滑板法适用于加工圆锥半角____________且锥面____________的工件。
3. 用偏移尾座法车外圆锥时，尾座的偏移量不仅与________________有关，而且还与____________________有关，这段距离可近似看作__________。
4. 仿形法一般适用于车削圆锥半角 $\alpha/2$________的工件。
5. 宽刃刀车削法主要适用于________圆锥的________工序。
6. 加工直径较小的标准内圆锥，可用____________进行加工。
7. 用铰削方法加工的内圆锥比车削的精度____，表面粗糙度值可达到 Ra________μm。
8. 圆锥形铰刀一般分为________铰刀和________铰刀两种。
9. 铰内圆锥孔时，切削用量要选得______。

二、判断题（正确的打“√”，错误的打“×”）

1. 工件的圆锥角为 20° 时，车削时小滑板也应转 20°。（　　）
2. 采用偏移尾座法车外圆锥，必须将工件用两顶尖装夹。（　　）
3. 偏移尾座法也可以加工整锥体或内圆锥。（　　）
4. 用宽刃刀车圆锥，实质上属于成形法车削。（　　）
5. 用仿形法车外圆锥时，用小滑板代替中滑板横向进给。（　　）
6. 用转动小滑板法车圆锥，调整范围小。（　　）
7. 仿形法可机动进给车内、外圆锥。（　　）

三、选择题（将正确答案的代号填在括号内）

1. 用转动小滑板法车圆锥时，若最大圆锥直径靠近主轴，小滑板应（　　）。
   A. 逆时针转动 $\alpha/2$　　B. 顺时针转动 $\alpha/2$
   C. 逆时针转动 α　　D. 顺时针转动 α
2. 用偏移尾座法车圆锥时，尾座的偏移量与（　　）有关。

A．工件全长　　　　　　　　　　　　B．圆锥长度

C．锥度　　　　　　　　　　　　　　D．圆锥素线长度

3．用宽刃刀车外圆锥时，刃倾角 λ_s 应取（　　）。

A．正值　　　　B．负值　　　　C．零度

4．铰锥孔时，当内圆锥的直径和锥度较小时可采用（　　）内圆锥法；当内圆锥的长度较长，余量较大，有一定的位置精度要求时，可采用（　　）内圆锥法；当内圆锥的直径和锥度较大，且有较高的位置精度要求时，可采用（　　）内圆锥法。

A．钻→扩→铰　　B．钻→铰　　C．钻→车→铰

5．铰削铸铁时，可使用（　　）作为切削液。

A．水溶性切削液　　　　　　　　　　B．油溶性切削液

C．煤油　　　　　　　　　　　　　　D．水

四、名词解释

1．转动小滑板法

2．仿形法车圆锥

3．宽刃刀车削法

五、简答题

1．车外圆锥有哪几种方法？车内圆锥有哪几种方法？

2．转动小滑板法车圆锥有什么特点？

3．怎样确定小滑板的转动角度和转动方向？

4．简述偏移尾座法车圆锥的特点。

5．简述仿形法车圆锥的特点。

六、计算题

1．有一带圆锥的轴类工件，最大圆锥直径 D=50 mm，最小圆锥直径 d=43 mm，圆锥部分长度 L=140 mm，工件总长 L_0=200 mm，求锥度 C、圆锥半角 $\alpha/2$（近似计算）及尾座偏移量 S。

2．用偏移尾座法车锥度为 1∶10 的外圆锥，工件总长为 L_0=120 mm，求尾座偏移量 S。

3．用偏移尾座法车一外圆锥工件，已知 D=60 mm，d=52 mm，L=300 mm，L_0=560 mm，求尾座偏移量 S。

4．用偏移尾座法车一外圆锥工件，已知 D=45 mm，C=1∶50，L=580 mm，L_0=650 mm，求尾座偏移量 S。

七、应用题

用转动小滑板法车锥齿轮坯，把车削各锥面时小滑板的旋转方向和旋转角度填入表 4–2 中。

表 4–2

图　　例	车削的圆锥面	小滑板应旋转的方向	小滑板应旋转的角度
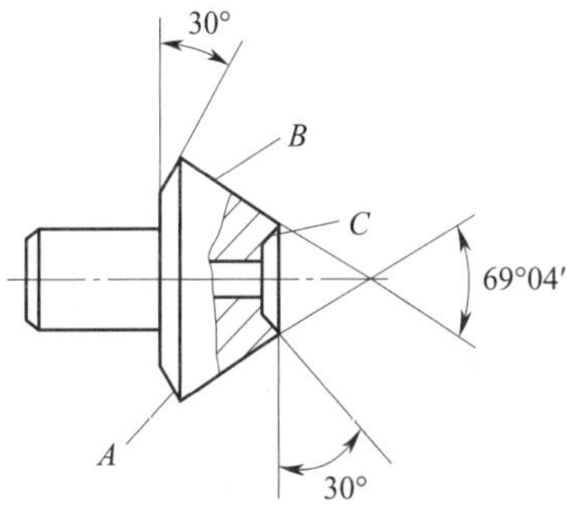	*A* 面		
	B 面		
	C 面		

§ 4–3　圆锥的检测

一、填空题（将正确答案填在横线上）

1．圆锥的检测主要是指对____________和____________的检测。

2. 常用的圆锥角度和锥度的检测方法有＿＿＿＿＿＿＿＿＿＿＿、＿＿＿＿＿＿＿＿和＿＿＿＿＿＿等。

3. 对于精度要求较高的圆锥面，常用＿＿＿＿＿＿检验，其精度以＿＿＿＿＿＿＿来评定。

4. 游标万能角度尺的分度值一般分为＿＿＿＿和＿＿＿＿两种。

5. 成批和大量生产时，为减少辅助时间，可用＿＿＿＿＿检验圆锥。

6. ＿＿＿＿＿＿是利用三角函数中正弦关系进行＿＿＿＿测量角度的一种精密量具。

7. 对于标准圆锥或配合精度要求较高的圆锥工件，一般可以使用＿＿＿＿＿＿＿＿和＿＿＿＿＿＿＿＿检验。

8. 用涂色法检验外圆锥的锥度，显示剂应涂在＿＿＿＿上；检验内圆锥的锥度，显示剂应涂在＿＿＿＿＿＿上。

9. 圆锥的精度要求较低及加工中粗测最大或最小圆锥直径时，可以使用＿＿＿＿＿和＿＿＿＿＿测量。

10. 圆锥的最大或最小圆锥直径可以用＿＿＿＿＿＿＿来检验。

二、判断题（正确的打“√”，错误的打“×”）

1. 用涂色法检验内圆锥时，如果塞规大端显示剂被擦去，说明工件圆锥角小了。（　）

2. 用涂色法检验外圆锥时，如果外圆锥小端的显示剂被擦去，而大端显示剂未被擦去，说明工件圆锥角小了。（　）

3. 用宽刃刀法车圆锥时，如果刃倾角不等于零度，就会出现双曲线误差。（　）

4. 用偏移尾座法批量车圆锥时，如果两端中心孔深度不一致，会造成工件锥度也不一致。（　）

5. 车圆锥时，如果刀尖没有对准工件回转轴线，则车出的工件会产生双曲线误差。（　）

6. 内圆锥双曲线误差是中间凸出。（　）

三、选择题（将正确答案的代号填在括号内）

1. 游标万能角度尺可以测量（　）范围内的任意角度。

A. 0° ~ 180°　　B. 0° ~ 360°

C. 0° ~ 90°　　D. 0° ~ 320°

2. 对于标准圆锥或配合精度要求较高的圆锥工件，一般可以使用（　）检验。

A. 游标万能角度尺　　B. 角度样板

C. 正弦规　　D. 涂色法

3. 用圆锥套规检验外圆锥时，若工件小端的显示剂被擦去，说明圆锥角（　）。

A. 大了　　B. 小了　　C. 合适

4. 车圆锥时，若车刀刀尖未对准工件轴线，圆锥会出现（　）。

A. 锥度不正确　　B. 双曲线误差　　C. 尺寸不正确

四、简答题

1．怎样用涂色法检验圆锥角度？

2．用偏移尾座法车圆锥时出现锥度不正确的原因是什么？

3．铰内圆锥孔时出现锥度不正确的原因是什么？

4．怎样检验内圆锥最大圆锥直径的正确性？

五、应用题

1．读出图 4–1 所示游标万能角度尺的角度值。

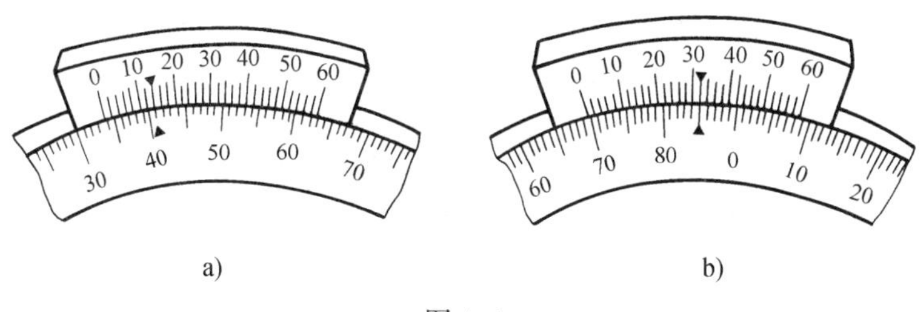

图 4–1

图 4–1a 所示角度值为________，图 4–1b 所示角度值为________。

2．图 4–2 所示为莫氏 4 号锥棒，工件材料牌号为 45 钢，毛坯尺寸为 $\phi45$ mm × 125 mm，数量为 10 件。试进行工艺分析并写出用转动小滑板法手动进给车削的工艺步骤。

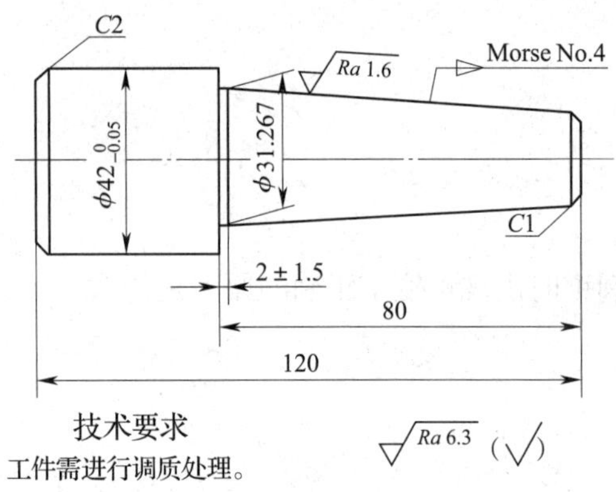

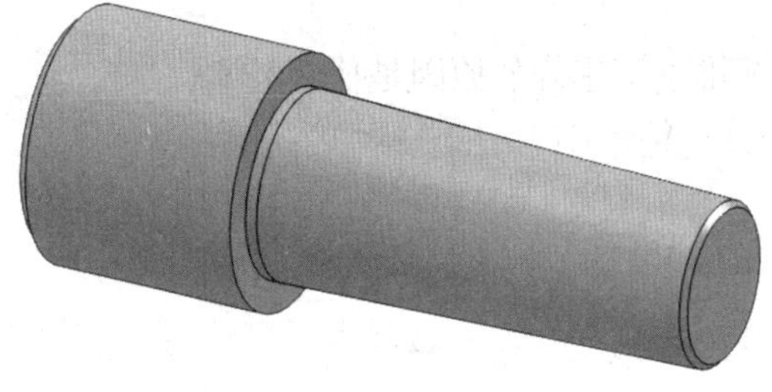

图 4–2

3. 图 4-3 所示为锥齿轮坯，工件材料牌号为 HT150，毛坯尺寸为 ϕ95 mm × 46 mm，数量为 8 件。进行工艺分析并写出用转动小滑板法手动进给车削的工艺步骤。

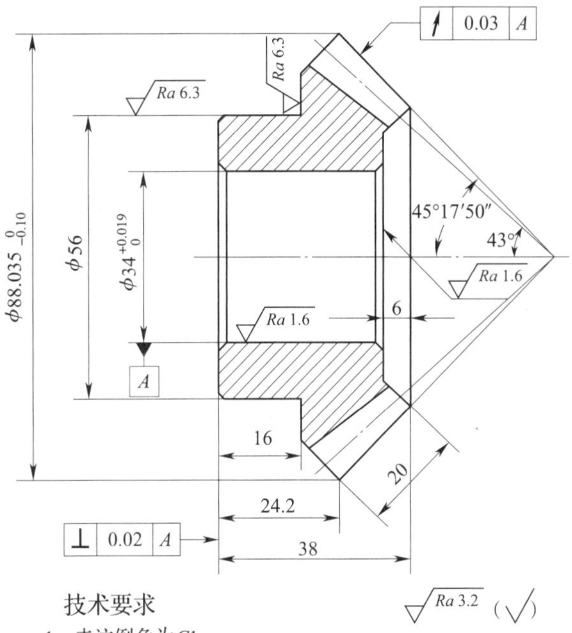

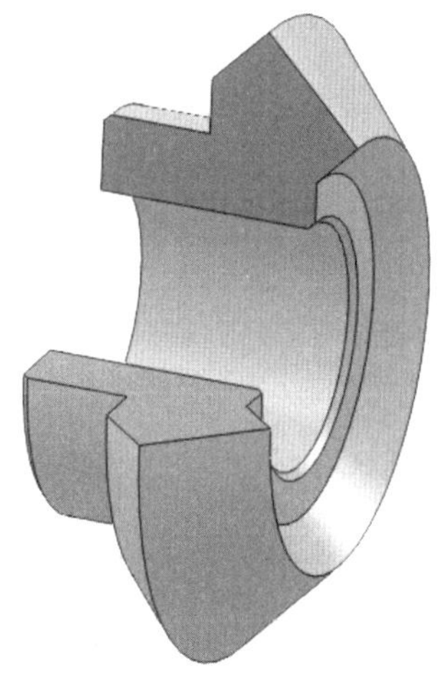

图 4-3

4．图 4–4 所示为内锥套，工件材料为铸造铜合金，材料牌号为 ZCuSn10Pb5，毛坯尺寸为 ϕ98 mm × 130 mm，毛坯数量为 20 件，工件数量为 40 件。试写出该内锥套的车削工艺步骤。

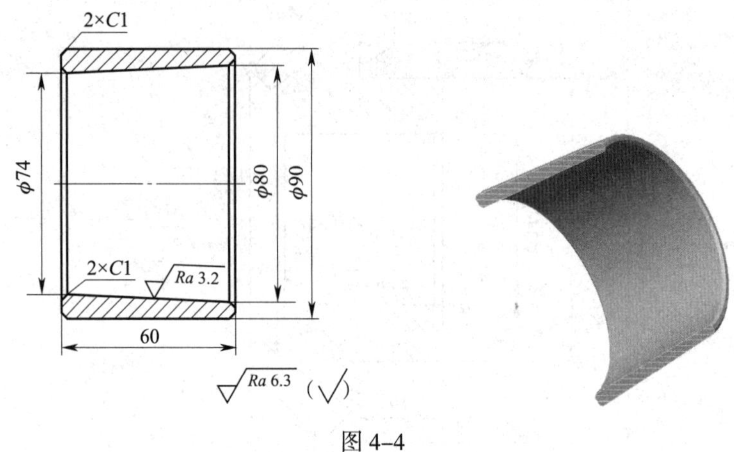

图 4–4

5. 图 4-5 所示为锥套工件，工件材料为 HT150，毛坯尺寸为 ϕ45 mm × 55 mm，数量为 6 件。试进行工艺分析并写出用转动小滑板法手动进给车削的工艺步骤。

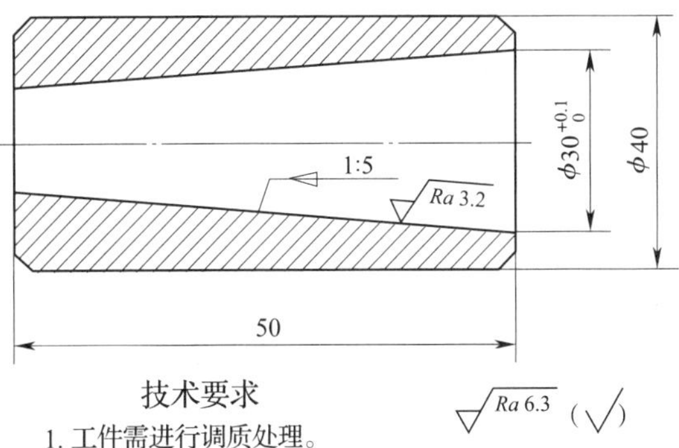

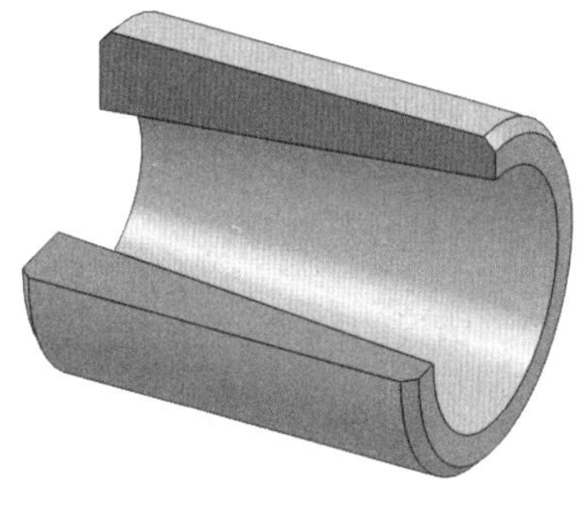

图 4-5

§ 4–4　车特形面的方法和质量分析

一、填空题（将正确答案填在横线上）

1. ____________、______________的特形面可用双手控制法车削。

2. 用双手控制法车特形面，一般多采用由工件的______向________车削的方法。

3. ____________、________________的特形面可用成形法车削。

4. 成形刀有____________成形刀、________成形刀和________成形刀三种。

5. 棱形成形刀主要用于车削__________的特形面，圆轮成形刀常用于车削__________的特形面。

6. 棱形成形刀由________和__________两部分组成。

7. 背前角 γ_p 和背后角 α_p 是指通过切削刃上的选定点，在__________车刀进给运动方向剖面内的前角和后角。

8. 成形刀的刃口要对准工件回转轴线，装高容易________，装低会引起________。

二、判断题（正确的打“√”，错误的打“×”）

1. 双手控制法适用于数量较少、精度要求不高的特形面的加工。（　　）

2. 成形刀的刃倾角宜取正值。（　　）

3. 成形刀的后角和前角较大，以保证车刀的楔角 β_o 较小，切削刃锋利。（　　）

4. 采用数控车床进行车削时，应尽量少用或不用成形刀。（　　）

5. 用成形刀车削特形面时，可采用反切法进行车削。（　　）

6. 成形精车刀的背前角一般等于 0°。（　　）

三、选择题（将正确答案的代号填在括号内）

1. 棱形成形刀磨损后只刃磨（　　）。

　A. 后面　　B. 前面　　C. 前面和后面

2. 成形刀的刃倾角宜取（　　）。

　A. $\lambda_s=0°$　　B. $\lambda_s>0°$　　C. $\lambda_s<0°$

四、名词解释

1. 特形面

2．成形法

3．成形刀

五、简答题

1．简述双手控制法车特形面的特点。

2．用成形法车特形面时应注意哪些问题？

3．用成形法车特形面时，特形面轮廓不正确的原因是什么？

六、计算题

已知圆形成形刀的直径 D=60 mm，现需要背后角 α_p=10°，求主切削刃低于成形刀中心的距离 H。

七、应用题

1．图 4–6 所示为带圆锥的单球手柄，求：

（1）车圆锥时小滑板应转过的角度（用近似法）。

（2）车圆球时球状部分的长度值 L。

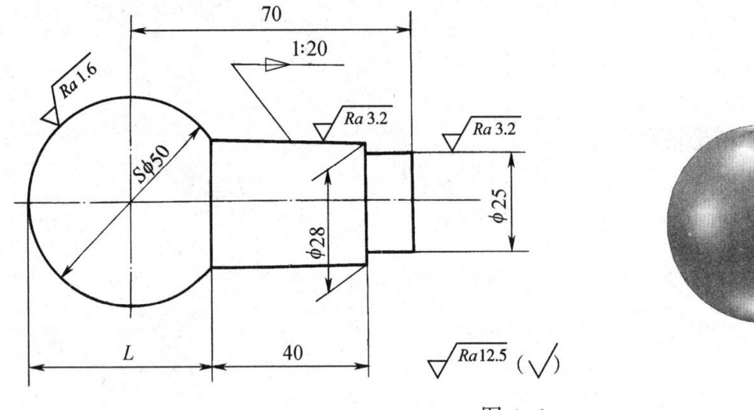

图 4–6

2. 图 4–7 所示为单球手柄工件，工件材料为热轧圆钢，材料牌号为 45 钢，毛坯尺寸为 ϕ40 mm × 120 mm，数量为各 1 件。试进行工艺分析并写出手动进给车削的工艺步骤。

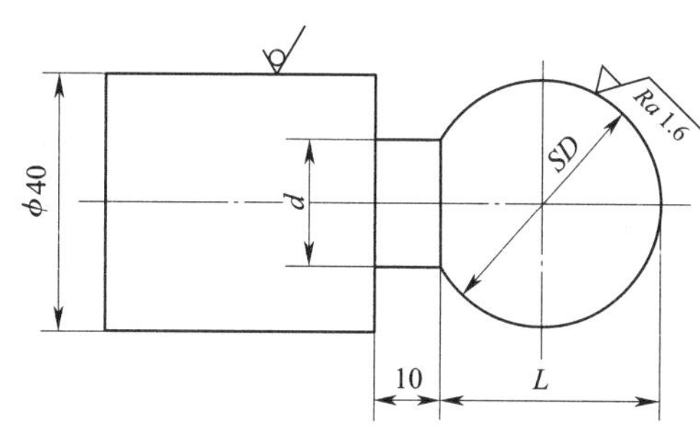

SD	d	L
ϕ（36 ±0.5）	ϕ20	33
ϕ（34 ±0.3）	ϕ18	31.4

Ra 6.3（√）

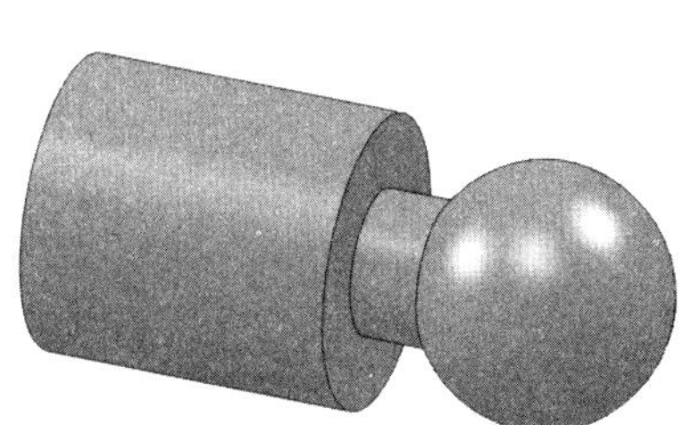

图 4–7

3．图 4-8 所示为带锥柄的单球手柄，工件材料为热轧圆钢，材料牌号为 45 钢，毛坯尺寸为 ϕ35 mm × 700 mm，数量为 10 件。试写出该手柄的车削工艺步骤。

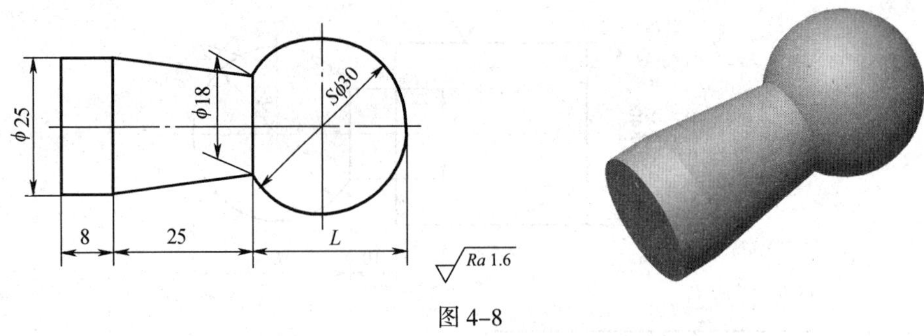

图 4-8

第五章　车螺纹和蜗杆

§5-1　螺纹的基础知识

一、填空题（将正确答案填在横线上）

1．________是指螺纹两侧面间的实体部分，又称为______；螺纹两侧面间的非实体部分是________。

2．螺纹按用途可分为____________螺纹、____________螺纹和____________螺纹。

3．传动螺纹按牙型可分为________螺纹、________螺纹、________螺纹和________螺纹等。

4．螺纹按螺旋方向可分为________螺纹和________螺纹；按线数可分为________螺纹和________螺纹；按母体形状可分为________螺纹和________螺纹。

5．三角形螺纹分为__________、__________和__________三种。

6．粗牙普通螺纹代号用________和____________表示。

7．细牙普通螺纹代号用________及____________乘以________表示。

8．55° 非密封管螺纹的标记由____________、____________和______________组成。

二、判断题（正确的打“√”，错误的打“×”）

1．同规格的外螺纹中径 d_2 和内螺纹中径 D_2 的基本尺寸相等，螺纹中径处的沟槽和凸起宽度相等。（　　）

2．$R_1$3 是 55° 密封管螺纹，3 表示该螺纹的公称直径为 3 in。（　　）

3．普通螺纹、60° 密封管螺纹和米制锥螺纹的牙型角都是 60°。（　　）

4．内螺纹的大径也就是内螺纹的底径。（　　）

5．管螺纹的尺寸代号指管子孔径的尺寸。（　　）

三、选择题（将正确答案的序号填在括号内）

1．螺纹公称直径是代表螺纹尺寸的直径，一般是指螺纹（　　）的基本尺寸。

A．中径　　B．小径　　C．大径

2．（　　）的螺纹不是右旋螺纹。

A．顺时针旋转时旋入　　B．逆时针旋转时旋入

C．逆时针旋转时旋出　　D．螺纹垂直放置时右侧的牙高于左侧

E．顺时针旋转时旋出

3．普通螺纹的牙型角为（　　），英制螺纹的牙型角为（　　），梯形螺纹的牙型角为（　　）。

A．30°　　B．60°　　C．55°

D．29°　　E．33°

4．下列螺纹中，牙型角不是 60° 的是（　　）。

A．普通螺纹　　B．55° 非密封管螺纹

C．60° 密封管螺纹　　D．米制锥螺纹

5．在同一螺旋线上，大径上的螺纹升角（　　）中径上的螺纹升角。

A．大于　　B．小于　　C．等于

四、名词解释

1．螺纹

2．螺纹牙型

3．牙型角

4．牙型高度

5．中径

6．螺距

7．导程

8．螺纹升角

9．单线螺纹

10．M24 × 2LH—5H6H—S

11．$G1\frac{1}{2}$

12．Rp1—LH

13．NPT6

14．ZM10

15．M48 × Ph3 P1.5

五、简答题

1．管螺纹有哪几种？

2．什么是右旋螺纹？如何判断右旋螺纹的旋向？

3．细牙普通螺纹的螺纹代号与粗牙普通螺纹有什么不同?

六、应用题

在图 5–1 所示普通螺纹的牙型上标注出牙型角、螺距、大径、中径、小径和螺纹升角。

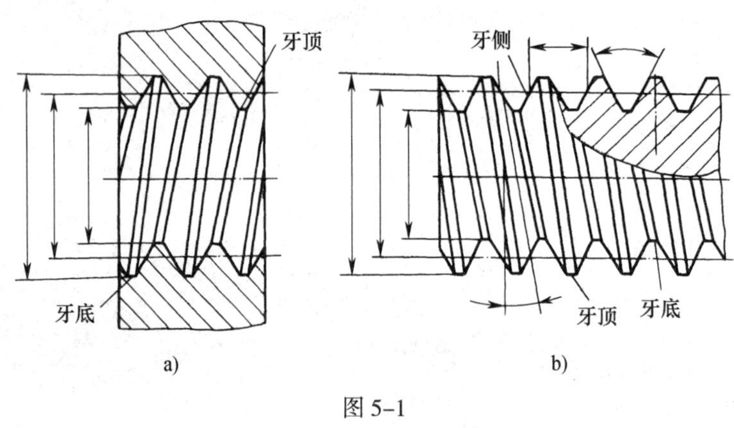

图 5–1

§ 5–2　螺纹车刀切削部分的材料及角度的变化

一、填空题（将正确答案填在横线上）

1．一般情况下，螺纹车刀切削部分的材料有___________和___________两种。

2．车削右旋螺纹时，螺纹车刀右侧切削刃的工作前角变____，工作后角变____。

3．如果螺纹车刀的背前角 γ_p=0°，其两刃夹角 ε_r'=60°，则车出的螺纹牙型角 α=______，螺纹牙型为______。

二、判断题（正确的打"√"，错误的打"×"）

1．高速车削螺纹和蜗杆时用高速钢车刀。（　　）

2．螺纹车刀工作时的前角和后角与车刀的刃磨前角和刃磨后角数值不相同。（　　）

3．螺纹精车刀的背前角应取得较大，才能达到理想的效果。（　　）

三、选择题（将正确答案的序号填在括号内）

1. 如果工件材料是钢料，则螺纹车刀切削部分的材料选用（　　）较合适。

A. P10 或高速钢　　B. K30 或高速钢　　C. M10 或 K30　　D. P10 或 M10

2. 车右旋螺纹时，车刀左侧切削刃的后角比其刃磨后角（　　）。

A. 大　　B. 小　　C. 相等

3. 螺纹车刀左右侧切削刃的刃磨前角为 0°，将车刀左右两侧切削刃组成的平面垂直于螺旋线装夹，左侧切削刃的工作前角 γ_{oeL}（　　）0°。

A. 等于　　B. 大于　　C. 小于

4. 法向装刀车矩形螺纹，若车刀两侧切削刃的刃磨前角为 0°，则右侧工作前角为（　　）。

A. 正值　　B. 0°　　C. 负值

5. 如果螺纹车刀的背前角 $\gamma_p>0°$，其两刃夹角 $\varepsilon_r'=60°$，则车出的螺纹牙型角 α（　　）60°。

A. =　　B. >　　C. <

6. 如果螺纹车刀的背前角 $\gamma_p>0°$，则车出螺纹的螺纹牙型是（　　）。

A. 直线　　B. 曲线　　C. 任意形状

四、简答题

1. 车削右旋螺纹时，车刀左、右两侧前角会产生什么变化？如何改进？

2. 车削左旋螺纹时，怎样确定两侧后角刃磨时的角度值？

3. 螺纹车刀的背前角 $\gamma_p>0°$ 时，对螺纹牙型会产生哪些影响？

4. 当螺纹车刀的背前角 $\gamma_P>0°$ 时，如何确定车刀两侧切削刃之间夹角 ε_r' 的数值？

五、计算题

车削螺纹升角 $\varphi=3°48'$ 的右旋螺纹，螺纹车刀两侧切削刃的后角各应刃磨成多少度？

§5–3　车螺纹时车床的调整及乱牙的预防

一、填空题（将正确答案填在横线上）

1. 在有进给箱的车床上车削常用螺距（或导程）的螺纹和蜗杆时，一般只要按照车床______箱铭牌上标注的数据，变换______箱外、______箱外的手柄位置并配合更换______箱内的交换齿轮就可以得到常用的螺距（或导程）。

2. 车螺纹时，当工件转一转，车刀必须沿工件轴线方向移动________________。

二、判断题（正确的打“√”，错误的打“×”）

1. 开倒顺车是在一次行程结束时，提起开合螺母，把车刀沿径向退出后，使螺纹车刀沿纵向退回，再进行第二次车削。（　　）

2. 如果不使用开倒顺车的方法车蜗杆，蜗杆一定会产生乱牙。（　　）

三、选择题（将正确答案的序号填在括号内）

1. 在 CA6140 型车床上车（　　）时交换齿轮相同，选 63、100、75，即 $\frac{63}{100}\times\frac{100}{75}$。

A. 米制螺纹和米制蜗杆　　B. 米制螺纹和英制螺纹

C. 米制蜗杆和英制蜗杆　　D. 英制螺纹和英制蜗杆

2. 车床交换齿轮箱内交换齿轮心轴的润滑采用（　　）润滑。

A. 油泵循环　　B. 浇油

C. 弹子油杯　　D. 润滑脂

四、名词解释

1. 乱牙

2. 传动比

五、简答题

1. 在车床交换齿轮箱内组装交换齿轮时应注意哪些安全问题?

2. 车螺纹时产生乱牙的原因是什么？如何解决?

六、计算题

1. 在 CA6140 型车床上车削 M12 的米制螺纹，手柄位置如何变换？交换齿轮如何变换?

2. 在 CA6140 型车床上车削每 1 in（25.4 mm）内 8 牙的英制螺纹，手柄位置如何变换？交换齿轮如何变换?

3．在丝杠螺距为 12 mm 的 CA6140 型车床上，车导程为 1.75 mm、4 mm、6 mm、8 mm 的螺纹，判断是否产生乱牙。

§5-4 车三角形螺纹

一、填空题（将正确答案填在横线上）

1．________螺纹、________螺纹、________螺纹和________螺纹的牙型都是三角形，所以统称为三角形螺纹。其中________螺纹应用最广泛，它分为___________螺纹和__________螺纹两种。

2．下列粗牙普通螺纹 M6、M10、M14、M18 和 M22 的螺距分别是______mm、______mm、______mm、______mm 和______mm。

3．常见的管螺纹有___________管螺纹、___________管螺纹、__________管螺纹、___________螺纹四种。其中牙型角为 55° 的管螺纹有______种，牙型角为 60° 的管螺纹有______种。

4．车三角形外螺纹时，切削用量可选得较____；车内螺纹时，切削用量宜取____些。

二、判断题（正确的打"√"，错误的打"×"）

1．细牙普通螺纹比粗牙普通螺纹的螺距小。（　　）

2．英制螺纹的公称直径是指内螺纹大径，用 in 表示。（　　）

3．美制统一螺纹的螺距 P 以 1 in（25.4 mm）中的有效牙数 n 表示，如 1 in 中有 19 牙，则螺距为 1/19 in。（　　）

4．车左旋螺纹时，高速钢三角形外螺纹车刀右侧切削刃的刃磨后角一般选择 α_{oR}=6° ~ 8°。（　　）

5．车削较大螺距以及材料硬度较高的螺纹时，应在硬质合金三角形螺纹车刀两侧切削刃上磨出 γ_{o1}=−5°、$b_{\gamma 1}$=0.2 ~ 0.4 mm 的倒棱。（　　）

6．高速车螺纹，实际螺纹牙型角会扩大。（　　）

7．内螺纹车刀除了其切削刃几何形状应具有外螺纹车刀的几何形状特点外，还应具有内孔车刀的特点。（　　）

8．车削塑性金属的三角形内螺纹前的孔径 $D_{孔}$应比同规格的脆性金属的孔径 $D_{孔}$小些。（　　）

9．车削内螺纹时不能用手去摸螺纹表面，但可以把砂布卷在手指上对内螺纹去毛刺。（　　）

三、选择题（将正确答案的序号填在括号内）

1.（　　）螺纹是在管子上加工的特殊的细牙螺纹，其牙型角有 55° 和 60° 两种。

A．普通　　B．英制　　C．管　　D．小

2．美制统一螺纹的牙型角为（　　），英制螺纹的牙型角为（　　）。

A．30°　　B．60°　　C．55°　　D．29°

3．用刀尖角 ε_r=55° 的三角形螺纹车刀可以车削（　　）螺纹、55° 非密封管螺纹和 55° 密封管螺纹。

A．米制锥　　B．普通　　C．小　　D．英制

4．高速车削普通螺纹时，硬质合金三角形外螺纹车刀的刀尖角应选择（　　）。

A．59°30′　　B．60°　　C．60°30′　　D．55°

5．低速车削螺距较小（P<2.5 mm）的螺纹或高速车削三角形螺纹时，用（　　）。

A．左右切削法　　B．斜进法

C．直进法　　D．斜进法或左右切削法

6．高速车削螺距为 1.5 ~ 3.5 mm 的三角形外螺纹，其外径一般可以减小（　　）mm。

A．0.05　　B．0.1　　C．0.2 ~ 0.4　　D．0.5 ~ 0.6

7．用（　　）车削三角形外螺纹时，切削用量可取大些。

A．左右切削法　　B．斜进法

C．直进法　　D．斜进法或左右切削法

四、名词解释

1．4—14UNF—3A

2．直进法

3．斜进法

4．左右切削法

五、简答题

1．低速车削三角形螺纹有哪几种进刀方法？各有哪些优缺点？适用于什么场合？

2．高速车削螺纹时为什么不宜采用左右切削法？

六、计算题

1．按表 5–1 的已知条件，计算出有关数据并填入表中。

表 5–1

顺序	螺纹标记	螺距	螺纹大径	螺纹中径	牙型高度	内螺纹小径
1	M6					
2	M12					
3	M20					
4	M30 × 2					
5	M48 × 1.5					

2．试计算每 1 in（25.4 mm）内 7 牙、10 牙和 14 牙的英制螺纹螺距各为多少毫米。

3. 需要车削两件 M24 的螺母，工件的材料一件为铸造铜合金 ZCuSn10Zn2，另一件为 45 钢，分别求出车削内螺纹前的孔径尺寸。

§5–5 车矩形螺纹、梯形螺纹和锯齿形螺纹

一、填空题（将正确答案填在横线上）

1. 梯形螺纹是应用很广泛的________螺纹，分为米制和英制两种。我国常采用的米制梯形螺纹的牙型角为________。

2. 高速钢梯形外螺纹粗车刀的刀尖角 ε_r 应略小于螺纹牙型角________，刀头宽度应________牙槽底宽 W。

3. 在刃磨和装夹锯齿形螺纹车刀时，用______________检查和找正车刀刃磨的角度和装夹位置。

4. 低速车削梯形螺纹的进刀方法有____________、___________和_____________，其中___________和___________适用于车削 $P \leqslant 8$ mm 的梯形螺纹。

二、判断题（正确的打"√"，错误的打"×"）

1. 矩形螺纹是国家标准螺纹。 （ ）

2. 锯齿形内、外螺纹配合时，小径之间有间隙，大径之间没有间隙。 （ ）

3. 锯齿形螺纹能承受较大的单向压力，通常用于起重和压力机械设备中。 （ ）

4. 锯齿形螺纹的牙型角分别是 3°、29°。 （ ）

5. 锯齿形螺纹的内螺纹大径和外螺纹大径都代表其公称直径。 （ ）

6. 锯齿形内、外螺纹车刀是一个不等腰梯形，牙型的一侧面与轴线垂直面的夹角为 30°，另一侧面的夹角为 3°。 （ ）

7. 采用直进法高速车削梯形螺纹，可用双圆弧硬质合金梯形外螺纹车刀进行粗、精车。 （ ）

三、选择题（将正确答案的序号填在括号内）

1. 矩形螺纹的牙型角为（ ）。

A. 0°　　B. 29°　　C. 33°　　D. 90°

2. 为了减小螺纹牙侧的表面粗糙度值，在（ ）精车刀的两侧面切削刃上应磨有 b'_ε 为 0.3 ~ 0.5 mm 的修光刃。

A. 三角形　　B. 矩形　　C. 梯形　　D. 锯齿形

3. 高速钢梯形螺纹粗车刀的刀头宽度应（　　）牙槽底宽。

A. 等于　　B. 略大于　　C. 略小于　　D. 大于或等于

4. 高速钢梯形螺纹精车刀前端切削刃（　　）参加切削。

A. 能　　B. 一定要　　C. 不能

5. 高速钢梯形外螺纹精车刀都磨有前角 γ_o 为 12° ~ 16° 的卷屑槽，故其刀尖角 ε_r 应（　　）牙型角 α。

A. 小于　　B. 大于　　C. 等于

6. 采用车直槽法车梯形螺纹，粗车刀的刀头宽应（　　）牙槽底宽。

A. 小于　　B. 略小于　　C. 等于　　D. 大于

四、简答题

车削梯形螺纹有哪几种方法？当螺距较大时应采用哪种方法？

五、计算题

1. 车削矩形螺纹 50 × 8 的丝杠，求矩形螺纹各基本要素的尺寸。

2. 车削左旋矩形螺纹 60 × 12 的丝杠，已知螺纹升角 φ=4°33′，求矩形螺纹车刀各部分的尺寸。

3. 车削 Tr48 × 8 的丝杠和螺母，计算内、外螺纹各基本要素的尺寸和螺纹升角。

4．车削 Tr30 × 8 的丝杠，计算外螺纹的中径、小径、牙高、牙槽底宽。

六、应用题

1．绘出车削矩形 48 × 12 螺纹车刀的几何形状，并标注上尺寸及角度。

2．绘出车削 Tr52 × 9 螺纹高速钢精车刀的几何形状，并注上尺寸及角度。

§5–6 车 蜗 杆

一、填空题（将正确答案填在横线上）

1．蜗杆和蜗轮组成的蜗杆副常用于________传动机构中，以传递两轴在空间成______交错的运动。

2．蜗杆一般可分为________蜗杆和________蜗杆两种。常见蜗杆的齿形有__________蜗杆和__________蜗杆两种。

3．粗车轴向直廓蜗杆、法向直廓蜗杆和精车法向直廓蜗杆时，应该用__________法。

4．由于蜗杆的导程角 γ 比较大，为了改善切削条件和达到垂直装刀法的要求，可采用__________刀柄。

二、判断题（正确的打“√”，错误的打“×”）

1．米制蜗杆的齿形角 α 为 40°。 （ ）

2．机械设备中最常用的是阿基米德蜗杆（即轴向直廓蜗杆），这种蜗杆的加工比较简单。（ ）

3．车梯形螺纹比车蜗杆难度大。（ ）

三、选择题（将正确答案的序号填在括号内）

1．蜗杆车刀两侧切削刃之间的夹角为（ ）。

A．30° B．20° C．40° D．14.5°

2．（ ）蜗杆时应采用水平装刀法。

A．粗车轴向直廓 B．精车轴向直廓

C．粗车法向直廓 D．精车法向直廓

四、名词解释

1．齿形角

2．轴向直廓蜗杆

3．法向直廓蜗杆

4．水平装刀法

5．垂直装刀法

五、简答题

常用的蜗杆齿形有哪两种？如何根据蜗杆的齿形选用适当的装刀方法？

六、计算题

1. 车削一米制蜗杆，齿形角 α=20°，分度圆直径 d_1=40 mm，轴向模数 m_x=4 mm，头数 z_1=1，求蜗杆的轴向齿距 p_x、全齿高 h、齿顶圆直径 d_a、轴向齿顶宽 s_a 和轴向齿根槽宽 e_f。

2. 已知单头蜗杆（α=20°）的分度圆直径 d_1=50 mm，轴向模数 m_x=5 mm，计算蜗杆基本要素的尺寸。

§5–7　车多线螺纹

一、填空题（将正确答案填在横线上）

1. 完整的螺纹标记由________代号、________代号、________代号、________代号以及________代号等信息组成。

2. 多线梯形螺纹的技术要求：多线螺纹的________、________、________必须相等。

3. 根据多线螺纹的各螺旋槽在________是等距离分布，在__________是等角度分布的特点，分线方法有________分线法和________分线法两种。

4. 当车床交换齿轮箱中的齿数 z_1 是螺纹线数的整数倍时，就可以应用__________分线法。

5. 用多孔插盘分线时，其精度主要取决于__________的等分精度。如果等分精度高，可以使该装置获得很高的______精度。

二、判断题（正确的打“√”，错误的打“×”）

1. 单线螺纹只标螺距，多线梯形螺纹同时标导程和线数。　（　　）

2. 普通螺纹、矩形螺纹、梯形螺纹和锯齿形螺纹只标中径公差带代号，无顶径公差带代号。　（　　）

3. 利用小滑板刻度分线比较简便，不需要其他辅助工具，但等距精度不高，一般用于

大批量多线螺纹的粗车。（　　）

4．当多线螺纹的导程为车床丝杠螺距的整数倍，且其倍数又等于线数时，可利用交换齿轮分线。（　　）

5．车削精度要求较高的多线螺纹时，因为分线困难，应把第一条螺旋槽粗、精车完毕，再开始逐个粗、精车其他各条螺旋槽。（　　）

6．用左右切削法车削多线螺纹时，螺纹车刀的左右移动量应相等。（　　）

三、选择题（将正确答案的序号填在括号内）

1．可利用三爪自定心卡盘对（　　）螺纹进行分线。

A．三线　　B．三线和六线　　C．双线和四线　　D．六线

2．多孔插盘上等分 12 个定位插孔时，可以对（　　）线的多线螺纹进行分线。

A．2、3、4、8　　B．2、4、6、8　　C．2、3、5、8　　D．2、3、4、6

3．最简便的分线方法是用（　　）分线法；成批车削多线螺纹时，最理想的分线方法是用（　　）分线法。

A．小滑板　　B．百分表和量块　　C．交换齿轮

D．分度插盘　　E．卡盘卡爪

四、名词解释

1．多线螺纹

2．分线

3．轴向分线法

4．圆周分线法

五、简答题

1．解释以下螺纹代号的含义。

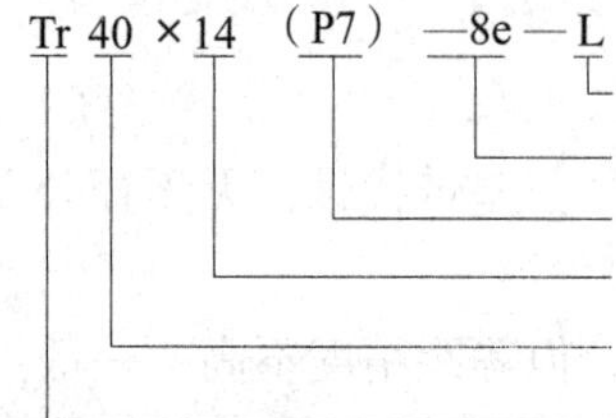

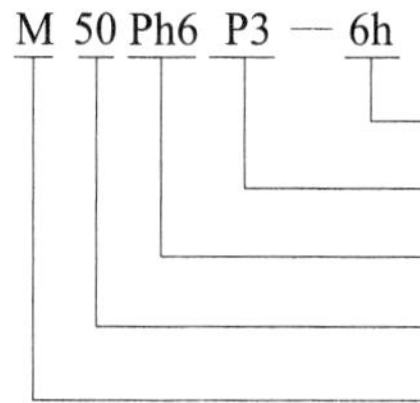

2. 多线螺纹的分线方法有哪两类？各有哪些具体方法？

3. 多线螺纹的导程与螺距的关系是怎样的？

4. 为什么必须重视多线螺纹的分线精度？

5. 用百分表和量块进行分线时应注意什么？

6. 交换齿轮分线法有哪些优缺点？

六、计算题

1．车床小滑板刻度盘每格移动 0.05 mm，在车削 m_x=4 mm 的双头蜗杆时，若采用小滑板刻度分线法分线，计算分线时小滑板刻度盘应摇进的格数。

2．车削分度圆直径 d_1=50 mm、轴向模数 m_x=5 mm 的三头蜗杆，如果用多孔插盘分头法分头，多孔插盘应转过多少度？

§5–8 螺纹和蜗杆的检测及质量分析

一、填空题（将正确答案填在横线上）

1．常见的螺纹检测方法有__________法和____________法两种。用螺纹量规来检验是____________法。

2．一般螺纹的牙型角可以用__________或______________来检验，梯形螺纹和锯齿形螺纹的牙型角可用______________来测量。

3．螺纹千分尺的误差为______mm 左右，因为误差较大，一般用来测量精度不高、螺距（或导程）为________mm 的三角形螺纹。

4．蜗杆的法向齿厚可以用______________进行测量，测量时，卡脚的测量面必须与齿侧________，也就是把刻度所在的卡尺平面与蜗杆轴线相交一个蜗杆__________。

二、判断题（正确的打“√”，错误的打“×”）

1．车削螺纹时，用钢直尺、游标卡尺或螺纹样板对螺距（或导程）进行测量。（　　）

2．用螺纹千分尺只能测量牙型角为 60° 的螺纹中径。（　　）

3．用三针测量螺纹中径是一种比较精密的测量方法。三角形螺纹、梯形螺纹、锯齿形螺纹的中径和蜗杆的分度圆直径均可采用三针测量。（　　）

4．用单针测量螺纹中径比用三针测量精确。（　　）

5. 在蜗杆齿形角正确的情况下，分度圆直径处的轴向齿厚与齿槽宽度应相等，因此常直接测量轴向齿厚。 (　　)

三、选择题（将正确答案的序号填在括号内）

1. 高速车削螺纹时，最后一刀的背吃刀量一般应大于（　　）mm。

A. 0.1　　B. 0.2　　C. 0.3　　D. 0.4

2. 用（　　）测量螺纹中径时，在测量前应先量出螺纹大径的实际尺寸 d_0。

A. 螺纹千分尺　　B. 三针测量法　　C. 单针测量法　　D. 螺纹量规

3. 在车床上，会使多线螺纹（多头蜗杆）分线不正确的操作有（　　）。

A. 工件没有夹紧

B. 小滑板移动距离不正确

C. 借刀使车刀轴向位置移动

D. 在车各条螺旋槽时，车刀的切入深度相等

四、名词解释

1. 最佳量针直径

2. 综合检验法

五、简答题

1. 怎样测量螺纹的螺距？

2. 怎样测量螺纹的中径？

3．用三针和单针测量螺纹中径时，为什么要规定量针直径的最大值和最小值？

4．用游标齿厚卡尺测量蜗杆的法向齿厚时，齿高卡尺应调整到什么尺寸？在测量时应注意些什么？

5．螺纹局部螺距不正确的原因是什么？

6．螺纹的牙型不正确的原因是什么？

六、计算题

1．用三针测量 M20×2 的螺纹，所用量针直径为 1.4 mm，测得 M 值为 21.21 mm，求螺纹中径的实际尺寸。

2. 用三针测量 M64 × 4 的螺纹，求最佳量针直径 d_D 和千分尺读数值 M。

3. 用三针测量 Tr42 × 10—8e 的丝杠，求最佳量针直径 d_D 和千分尺读数值 M。

4. 用单针测量 Tr60 × 9 的梯形螺纹，量得梯形螺纹实际外径 d_0=59.93 mm，求单针测量值 A。

5. 已知轴向模数 m_x=5 mm、头数 z_1=2、分度圆直径 d_1=50 mm、导程角 γ=11°18′36″，求：

（1）齿高卡尺应调整到什么位置？

（2）齿厚卡尺在蜗杆分度圆直径处测得的法向齿厚是多少？

七、应用题

图 5–2 所示为蜗杆轴，工件材料为热轧圆钢，材料牌号为 45 钢，毛坯尺寸为 $\phi 45$ mm × 200 mm，数量为 15 件。试写出该工件的车削工艺步骤。

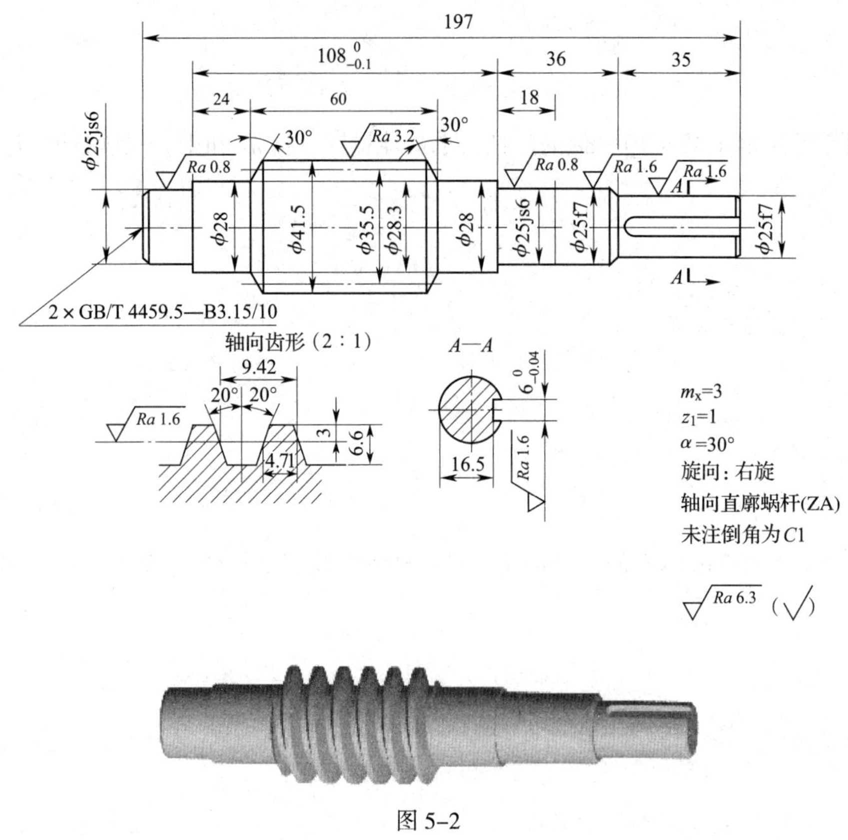

图 5–2

第六章　车床工艺装备

§6-1　夹具的基本概念

一、填空题（将正确答案填在横线上）

1. 车床夹具包括________夹具、________夹具和________夹具三种。

2. ________夹具无须调整或稍加调整即可装夹不同的工件。

3. 夹具一般由____________、____________和__________等组成。

4. 夹具的________装置是指在工件定位后将其固定的装置，可用以保持工件在加工过程中的定位位置不变。

二、判断题（正确的打“√”，错误的打“×”）

1. 中心架属于专用夹具。（　　）

2. 三爪自定心卡盘属于通用夹具。（　　）

3. 专用夹具适用于小批量生产或新产品试制。（　　）

4. 辅助装置是夹具中一些可有可无的附属装置。（　　）

三、选择题（将正确答案的序号填在括号内）

1. 四爪单动卡盘是车床的附件，属于（　　）夹具。

   A. 通用　　B. 专用　　C. 组合

2. （　　）夹具针对性强，结构紧凑，操作方便。

   A. 通用　　B. 专用　　C. 组合

3. 在产品相对稳定、批量较大的生产中，使用各种（　　）夹具可获得较高的加工精度和生产效率。

   A. 通用　　B. 专用　　C. 组合

4. （　　）的作用是将定位、夹紧装置连成一个整体，并使夹具与机床的有关部位相连接，确定夹具相对于机床的位置。

   A. 定位装置　　B. 夹紧装置　　C. 夹具体　　D. 辅助装置

5. 压板是夹具中的（　　）装置。

   A. 定位　　B. 夹紧　　C. 夹具体　　D. 辅助

6. 平衡铁是夹具中的（　　）装置。

   A. 定位　　B. 夹紧　　C. 夹具体　　D. 辅助

四、名词解释

1. 车床夹具

2. 通用夹具

3. 专用夹具

4. 组合夹具

5. 定位装置

五、简答题

专用夹具的作用是什么？

§6-2 工件的定位

一、填空题（将正确答案填在横线上）

1. 工件的定位是通过工件的__________与夹具__________的接触来实现的。

2. 工件定位时，作为基准的点和线往往由某些具体表面体现出来，这种表面称为____________。

3. 工件在空间直角坐标系中，沿坐标轴移动的自由度分别用______、______、______表示，沿坐标轴转动的自由度分别用______、______、______表示。

4. 工件在夹具中的定位主要有__________定位、____________定位、________定位和________定位等类型。

5. 当工件以平面作为定位基准时，一般应采用__________的方法，并尽量________支撑点之间的距离。

6. 工件以平面定位时的定位元件主要有__________、__________、__________和__________等。

7. 支撑钉有________型、________型和__________型等结构形式。

8. 装配后位置固定不变的定位元件称为__________。

9. __________仅与工件适当接触，不起任何限制自由度的作用。

10. V 形架两限位基准之间的夹角有______、______和______三种，其中以______的应用最广。

11. 工件以内孔定位时，其定位元件主要有__________、__________及__________。

12. 定位销分为__________和__________两类，定位销可限制工件的____个自由度。

13. 定位销常用于__________的定位，是__________定位中常用的定位元件之一。

二、判断题（正确的打“√”，错误的打“×”）

1. 定位基面是指工件上与夹具定位元件工作表面相接触的表面。（　　）

2. 用两顶尖装夹车轴时，轴的两中心孔就是定位基准。（　　）

3. 加工工件时，不完全定位和欠定位都是允许的。（　　）

4. 欠定位又称为部分定位。（　　）

5. 为了保证定位稳定、可靠，一般应采用三点定位的方法，并尽量减小支撑点之间的距离。（　　）

6. 在用大平面定位时，应把定位平面的中间部分做成凹的，这样可提高工件定位的稳定性。（　　）

7. 网纹顶面型支撑钉适用于未加工平面的定位。（　　）

8. A 型支撑板适用于精加工过的大、中型工件的底平面定位。（　　）

9. 支撑钉和支撑板都是固定支撑。（　　）

10. 可调支撑和辅助支撑不起任何限制自由度的作用。（　　）

11. 使用削边销时应注意，要使它的横截面短轴垂直于两销的轴心连线。（　　）

三、选择题（将正确答案的序号填在括号内）

1. 工件定位时，定位元件实际所限制的自由度数目少于六个，但工件能够正确定位的是（　　）定位。

A. 完全　　B. 不完全　　C. 重复　　D. 欠

2. 采用一夹一顶装夹工件时，卡爪夹持部分应短一些，是为了避免（　　）定位而采取的措施。

A. 完全　　B. 不完全　　C. 重复　　D. 欠

3.（　　）主要用于毛坯面定位，尤其适用于尺寸变化较大的毛坯。

A. 支撑钉　　B. 支撑板　　C. 可调支撑　　D. 辅助支撑

4.（　　）型支撑钉主要用于已加工平面的定位。

A. 平头　　B. 球面　　C. 网纹顶面

5.（　　）主要用于大型轴类工件及不便于轴向装夹的工件。

A．在V形架中定位　　　　　　　　B．在定位套中定位

C．在半圆弧定位套上定位　　　　　D．圆锥定位夹具

6．车削中，如连杆、套筒、齿轮和盘盖等工件，常以加工好的________作为定位基准。

A．平面　　　　B．外圆　　　　C．内孔　　　　D．两孔一面

7．________定位适用于小批量且定心精度要求较高的圆柱孔的精加工。

A．间隙配合圆柱心轴　　　　　　B．过盈配合圆柱心轴

C．圆锥心轴

四、名词解释

1．工件的定位

2．定位基准

3．六点定位规则

4．完全定位

5．不完全定位

6．重复定位

7．欠定位

五、简答题

1．工件以内孔定位有什么优点？

2．过盈配合圆柱心轴有什么特点？

3．一个空间物体有哪 6 个自由度？一个平面能限制几个自由度？

4．工件以外圆定位时常用哪几种定位方式？各适用于什么场合？

六、应用题

如图 6–1 所示的工件装夹在心轴上，试分析：

（1）长圆柱心轴限制哪几个自由度？

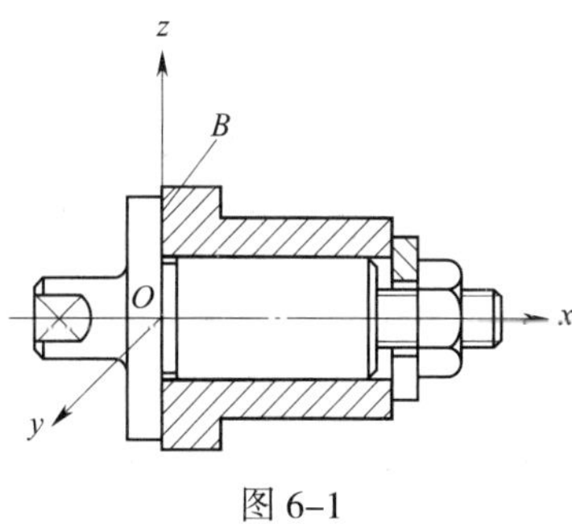

图 6–1

（2）台阶端面 B 限制哪几个自由度？

（3）该工件的定位方法属于哪种定位？

（4）该工件的定位方法有什么缺陷？如何解决？

§6–3　工件的夹紧

一、填空题（将正确答案填在横线上）

1．工件的装夹包括________和________，这两个工作过程既有本质区别，又有密切联系。

2．夹紧装置的种类很多，按其结构可分为__________夹紧装置、__________夹紧装置和__________夹紧装置等。

3．由于斜楔夹紧机构产生的夹紧力________，且夹紧________、________，因此多数情况下是斜楔与其他元件或机构组合起来使用。

4．________夹紧装置的夹紧力大，自锁性能好，适用于手动夹紧。

二、判断题（正确的打“√”，错误的打“×”）

1．螺旋夹紧装置结构简单，夹紧可靠，夹紧行程大，夹紧或松开工件也比较省力。（　　）

2．在使用夹具对工件进行夹紧时，对工件施加的夹紧力越大，对保证加工质量越可靠。（　　）

三、选择题（将正确答案的序号填在括号内）

1．便于增大夹紧力，自锁性能好的夹紧装置是（　　）夹紧装置。

A．斜楔　　B．螺旋　　C．螺旋压板

2．在简单的夹紧机构中，（　　）的使用最为广泛。

A．螺钉夹紧机构　　B．螺母夹紧机构

C．螺旋压板夹紧装置　　　　　　　　D．斜楔夹紧装置

3．当工件以内孔定位时，常采用（　　）夹紧装置。

A．斜楔　　　　B．螺钉　　　　C．螺母　　　　D．螺旋压板

四、简答题

对夹紧装置的基本要求有哪些？

§6–4　常见车床夹具

一、填空题（将正确答案填在横线上）

1．内、外拨动顶尖的圆锥角一般为________，外拨动顶尖用于装夹________工件，内拨动顶尖用于装夹________工件。

2．端面拨动顶尖适用于装夹外径为________~________mm的工件。

3．定心夹紧机构中，与工件定位基准接触的元件既是________元件又是________元件。

4．车床上常用的定心夹紧装置分为____________、____________和______________等。

5．________心轴适用于加工内、外圆无同轴度要求，或只需加工外圆柱面的套筒类工件。

二、判断题（正确的打“√”，错误的打“×”）

1．用端面拨动顶尖装夹工件时，工件以端面定位。（　　）

2．车床上常用的定心夹紧装置是弹簧套筒定心夹紧装置。（　　）

3．顶尖式心轴主要用于以内孔定位时工件的装夹。（　　）

三、选择题（将正确答案的序号填在括号内）

1．内、外拨动顶尖的圆锥角一般为（　　），在其锥面上加工有淬硬的齿。

A．30°　　　　B．45°　　　　C．60°

D．90°　　　　E．120°

2．（　　）主要用于装夹以外圆柱面为定位基准的工件。

A．弹簧套筒定心夹紧装置　　　　B．弹簧夹头

C．弹簧心轴　　　　D．顶尖式心轴

3．（　　）主要用于以内孔定位时工件的装夹。

A．弹簧夹头　　　　B．弹簧心轴　　　　C．顶尖式心轴

四、简答题

1．什么是定心夹紧装置？

2．简述图 6–2 所示弹簧夹头的工作原理。

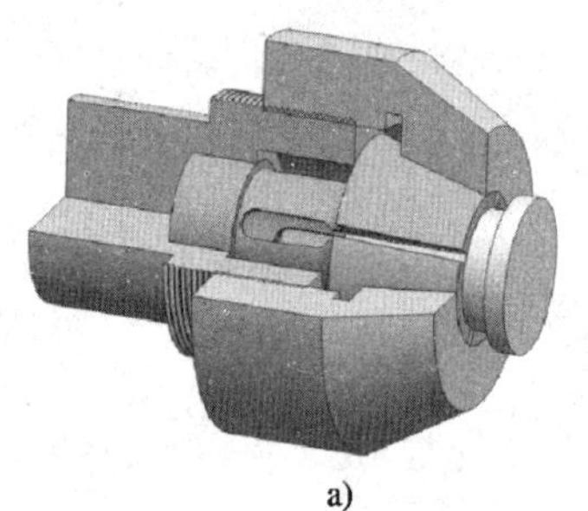
a)

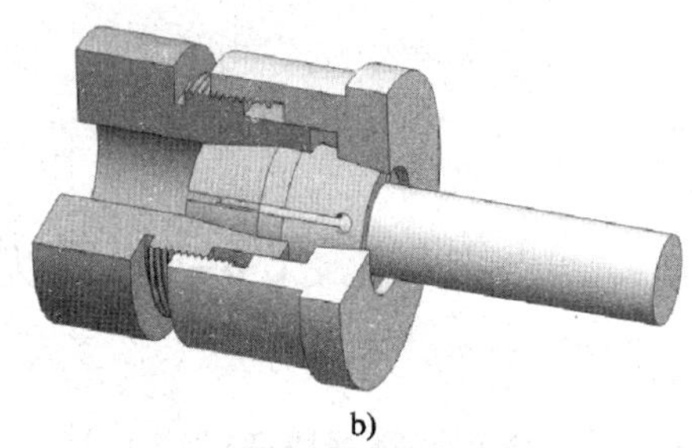
b)

图 6–2

§6–5　组合夹具简介

一、填空题（将正确答案填在横线上）

1．导向件用来确定________与________间的相对位置。

2．紧固件用于________组合夹具元件和________工件。

3．组合件是指在组装过程中不拆开使用的________部件，按其用途可以分为________组合件、________组合件、________组合件和________组合件等。

二、判断题（正确的打“√”，错误的打“×”）

1．组合夹具是在夹具零部件标准化的基础上发展起来的一种新型工艺装备，特别适用于大批量生产。（　　）

2．基础件是夹具体的骨架。（　　）

3．定位件主要用于工件的定位和确定元件与元件之间的相对位置。（　　）

4．装在基础件上的元件都不能超出基础件的最大外径。（　　）

三、选择题（将正确答案的序号填在括号内）

1．（　　）主要作夹具体用，上面有V形槽、键槽、光孔和螺孔等，用来定位和紧固其他元件。

A．基础件　　B．支撑件　　C．压紧件

D．紧固件　　E．定位件

2．（　　）用来确定刀具与工件间的相对位置。

A．基础件　　B．支撑件　　C．定位件

D．导向件　　E．定位件

四、名词解释

1．组合夹具

2．组合夹具的组装

五、简答题

1．组合夹具有哪些优点？

2．组合夹具元件可分为哪几类？

3．简述组合夹具的组装步骤。

§6–6　硬质合金可转位车刀

一、填空题（将正确答案填在横线上）

1．硬质合金可转位车刀由________、________、________和________等组成。

2．可转位刀片的型号由代表给定意义的______和________代号按一定顺序位置排列而成，共有____个号位。

3．正方形可转位刀片可装成________、________、________等各种主偏角 κ_r<90° 的车刀，用于车________、端面、孔和________。

4．等边不等角六边形可转位刀片的刀尖角为________。

5．不等边不等角六边形可转位刀片可装成 κ_r=________的车刀，用于车外圆、端面和孔。

6．可转位刀片的型号中，第________位表示可转位刀片法后角 α_n，用一个字母表示，共有________种。如果是不等边刀片，该符号用于表示较________边的法后角。

7．可转位刀片的型号中，第四位表示可转位刀片有无________与中心固定孔，用一个字母表示，共有________种。

8．可转位刀片的型号中，第九位表示切削方向，用一个字母表示。其中 R 表示________切，L 表示________切，N 表示既能用于________切，又可用于________切。

9．硬质合金可转位车刀各主要角度是由________________和刀片装夹在具有一定________刀槽的________上综合形成的。

10．____________的作用是正常切削时防止切屑擦伤刀柄，并能防止刀片崩坏时损伤刀柄，从而延长刀柄的使用寿命。刀柄材料一般选用__________钢，硬度一般为__________HRC。

11．可转位车刀的夹紧形式有________式、________式、________式、________式、________式、________式和________式等几种，其中________式、________式和________式是使用最普遍的形式。

12．可转位车刀的上压式夹紧形式中以________上压式夹紧形式较常用，综合性能好，夹紧力大，但结构________。

13．________夹紧形式适用于切断刀等片状车刀的夹紧。

二、判断题（正确的打“√”，错误的打“×”）

1．等边不等角六边形可转位刀片的字母符号为 W。（　　）

2．不等边不等角六边形可转位刀片的字母符号为 B。（　　）

3．圆形可转位刀片的字母符号为 R。（　　）

4．可转位刀片法后角靠刀片倾斜安装形成。（　　）

5．可转位刀片法后角字母符号 N 表示刀片法后角 α_n=7°。（　　）

6. 可转位刀片第四位字母符号 M 表示有圆形固定孔和单面有断屑槽。（ ）

7. 可转位刀片的型号中，第五位表示可转位刀片切削刃长度，用两位阿拉伯数字表示，如边长为 16.5 mm 的刀片代号为 16.5。（ ）

8. 硬质合金可转位刀具的多数夹紧结构产生的夹紧力和切削力方向相反，而且指向刀柄定位支撑面。（ ）

9. 硬质合金可转位刀具的刀片上有较合理的断屑槽，卷屑和断屑性能好，因此切削用量的选择范围不受限定。（ ）

10. 可转位刀片的夹紧形式中，上压式是利用压板向下的压力将刀片压紧。这种夹紧形式夹紧力小，通过两定位侧面能获得稳定可靠的定位，耐冲击，但刀片上的压板使排屑受到一定影响。（ ）

三、简答题

1. 可转位车刀的优点有哪些？

2. 可转位车刀的定位夹紧结构应满足哪些要求？

3. 使用硬质合金可转位车刀时应注意哪些问题？

第七章　车复杂工件

§7-1　在花盘上装夹工件

一、填空题（将正确答案填在横线上）

1．对于数量较少的复杂工件，在三爪自定心卡盘和四爪单动卡盘上无法或不方便装夹，通常需要用相应的________、________等车床附件来装夹。

2．________是材质为铸铁的大圆盘，盘面上有很多长短不同呈辐射状分布的通槽。

3．花盘可以直接安装在车床主轴上，其盘面必须与主轴轴线________，盘面平整，表面粗糙度 Ra 值为________μm。

4．V 形架的工作面是一条 V 形槽，一般做成________或________两种夹角。压板可根据需要做成________、________两种。

5．被加工表面的回转轴线与基准面相互垂直的复杂工件可以在________上车削。

6．双孔连杆为铸造或锻造毛坯，外形周边不做加工，需要加工的表面为前后________，上下________。

7．在花盘上加工双孔连杆关键要把握两点：花盘本身的形状公差是工件相关公差值的________；要有一定的________来保证两孔的中心距公差。

8．花盘定位基准的几何公差要________工件几何公差的________以下，因此花盘最好在本身机床上________出来，角铁必须________。

9．在花盘上装夹工件后，必须经过________。

10．双孔连杆主要的检测内容包括________误差检测、________的检测以及________误差的检测。

二、判断题（正确的打“√”，错误的打“×”）

1．当计算出双孔连杆的中心距 L 与图样要求中心距不符时，应用铜锤轻轻敲击定位圆柱，调整两孔的实际中心距，反复调整，直到符合图样要求。（　　）

2．在花盘上车削双孔连杆时，工件装夹的关键是保证两孔的中心距公差，应多测几次，取其平均值。（　　）

3．车双孔连杆内孔前，一定要认真检查花盘上所有压板、螺钉的紧固情况，最好再逐个拧紧一次。（　　）

4．在花盘上加工工件，为了使复杂工件获得较好的表面质量，转速可以选得较高。（　　）

5．检测双孔连杆平行度误差时，取 2 次平行度误差 f 值中的平均值，即为平行度误差。（　　）

三、选择题（将正确答案的序号填在括号内）

1.（　　）可以用铸铁或钢制成；为了减小体积，也可用密度较大的铅制成。

A．花盘　　B．角铁

C．平垫铁　　D．平衡铁

2．花盘可以直接安装在车床主轴上，其盘面必须与主轴轴线（　　）。

A．垂直　　B．平行

C．倾斜　　D．以上选项均正确

3．在花盘上车削双孔连杆时，压板、螺钉应（　　）工件安装，垫块的高度应与工件厚度（　　）。

A．靠近　　B．远离

C．一致　　D．不等

4．检测双孔连杆平行度误差时，必须将工件连同测量心轴一起转过（　　），重复测量与计算一次。

A．180°　　B．90°

C．360°　　D．270°

5．方箱是用铸铁制成的具有（　　）个工作面的空腔正方体或长方体，其中一个工作面上有 V 形槽。

A．2　　B．4　　C．6　　D．5

6．用于复杂工件平行度和垂直度误差的检验及划线时支撑工件的机床附件是（　　）。

A．花盘　　B．弯板　　C．平垫铁　　D．方箱

四、简答题

1．常用的车床附件有哪些?

2．如何调整平衡铁?

五、应用题

加工图 7–1 所示双孔连杆。该零件毛坯为铸件，材料为球墨铸铁，牌号为 QT600–3，数量为 20 件。

（1）进行工艺分析。

（2）拟定加工工艺路线。

（3）设计并加工出校正中心距用的定位套。

（4）写出操作步骤。

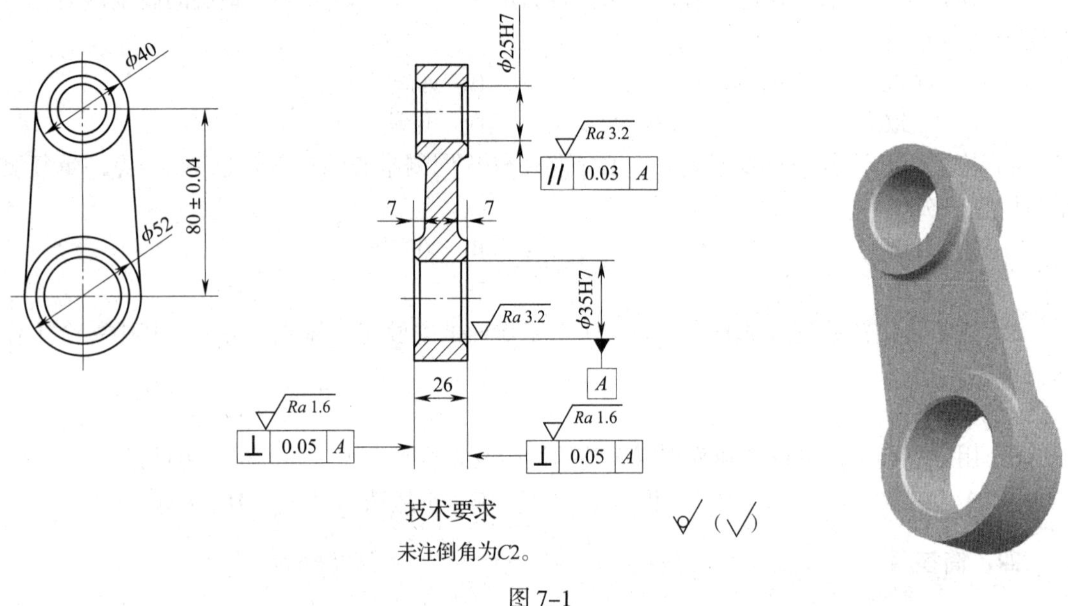

图 7–1

§7–2　车偏心工件

一、填空题（将正确答案填在横线上）

1. 在机械传动中，将回转运动变为往复直线运动或直线运动变为回转运动，一般都用__________或________来完成。

2. 加工数量________、偏心距精度要求________的工件时，可以制造专用偏心夹具来装夹和车削。

3. 两端有中心孔的偏心轴，如果偏心距__________，可放在____________间测量偏心距。

4. 测量偏心距较大的工件时，因为受到百分表测量范围的限制，最好把工件安装在__________中。

二、判断题（正确的打“√”，错误的打“×”）

1. 在开始车偏心工件时，车刀应远离工件后再启动主轴。（　　）

2. 开始车偏心工件时，由于两边的切削量相差很多，车刀刀尖应从偏心的最外一点逐步切入工件。（　　）

3. 加工长度较短、偏心距较大（$e \geqslant 6$ mm）的偏心套时，可以装夹在花盘上车削。（　　）

4. 由于偏心卡盘的偏心距可用量块或百分表测得，因此可以获得很高的精度。（　　）

5. 精度较低的偏心工件可以在偏心卡盘上车削。（　　）

三、选择题（将正确答案的序号填在括号内）

1. 一般的偏心轴，只要两端面能钻中心孔，有鸡心夹头的装夹位置，都可以用在（　　）车偏心的方法。

A. 四爪单动卡盘上　　B. 三爪自定心卡盘上

C. 两顶尖间　　D. 花盘上

2. 在两顶尖间车偏心工件时，（　　）花费时间去找正偏心。

A. 需要多　　B. 需要少　　C. 不需要

3. 车削精度较高、批量较大的偏心工件时，可以在（　　）卡盘上车削。

A. 四爪单动　　B. 三爪自定心　　C. 双重　　D. 偏心

4. 车削偏心距大且较复杂的心轴时，可用（　　）来装夹工件。

A. 两顶尖　　B. 偏心套

C. 两顶尖和偏心套　　D. 偏心卡盘或专用夹具

5. 用偏心卡盘装夹车削偏心工件比采用四爪单动卡盘的精度（　　）。

A. 高　　B. 低　　C. 一样

6．在三爪自定心卡盘上车偏心工件时，要先用公式 $x=$（　　）计算出垫片厚度，再进行试车削。

A．$1.5e+k$　　B．$1.5k+e$　　C．$1.5e$　　D．$1.5\Delta e$

7．用百分表测量偏心距时，百分表指示出的最大值和最小值之差的（　　）为偏心距。

A．1 倍　　B．1/2　　C．2 倍

四、名词解释

1．偏心工件

2．偏心轴

3．偏心套

4．偏心距

五、简答题

1．车削偏心工件的基本原理是什么？

2．车削偏心工件的方法有哪些？

六、计算题

1．在三爪自定心卡盘上车削偏心距 e=2.5 mm 的偏心轴，求进行试车削的垫片厚度 x。

2．在三爪自定心卡盘上车削偏心距 e=4 mm 的工件，经试车削测得其偏心距为 3.96 mm，求垫片厚度 x。

3．车削偏心距 e=3 mm 的工件，用近似公式计算垫片厚度 x。试车削后，检查实际偏心距为 3.07 mm，则偏心距误差 Δe 和垫片厚度的正确值 x 应为多少？

4．在 V 形架上测量某一偏心轴的偏心距 e，已知基准轴直径 D=80.2 mm，偏心轴直径 d=60.1 mm，测量出偏心轴外圆到基准轴外圆之间的距离 a=3 mm。试计算出该偏心轴的偏心距 e。

七、应用题

车削图 7–2 所示的偏心轴，毛坯尺寸为 ϕ85 mm × 305 mm。

（1）进行工艺分析。

（2）写出车削工艺步骤。

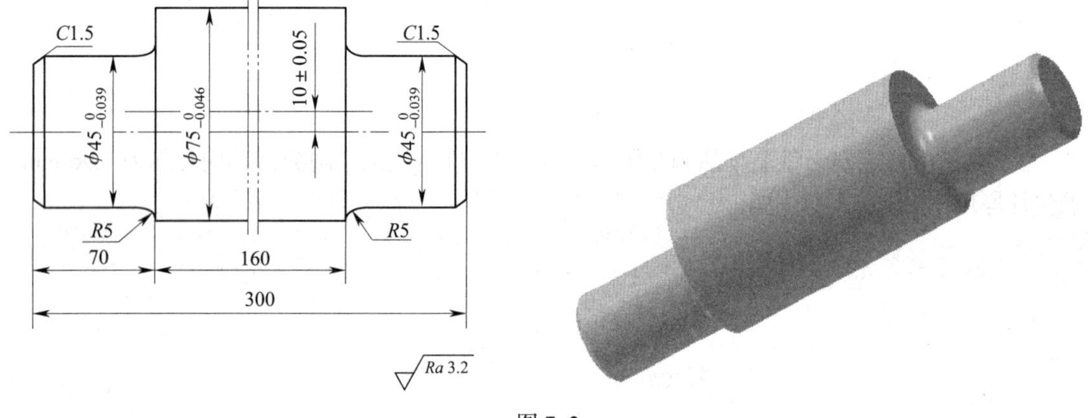

图 7–2

§7-3 车 曲 轴

一、填空题（将正确答案填在横线上）

1．根据曲轴曲柄颈（又称连杆轴颈）的多少，曲轴有________拐、________拐、________拐、________拐和________拐等多种结构形式。根据曲柄颈数（拐数）的不同，曲柄颈可以互成________、________和________等夹角。

2．在车床上车削曲轴主要进行曲轴________颈和________颈的粗加工与半精加工，而精加工则通常采用磨削方法进行。

3．加工曲轴的原理与加工偏心轴、偏心套相同，都是在工件的装夹上采取适当的措施，使被加工部位的轴线和车床主轴轴线________。

4．单拐曲轴的车削与较长偏心轴的车削方法基本相同，采用中心孔定位，在________间装夹。

5．为了提高曲轴刚度，防止曲轴变形，如果两曲柄臂间的距离较小，应在曲柄颈对面的空当处用________支撑；如果两曲柄臂间的距离较大，在曲柄颈对面的空当处可用材质较硬的________或________支撑。

6．提高曲轴车削质量的关键是控制________________。

二、判断题（正确的打"√"，错误的打"×"）

1．曲轴两端的主轴颈尺寸一般较小，可以直接在轴端钻出曲柄颈中心孔；曲轴刚度较低，车削中应采取适当的工艺措施。（　　）

2．若曲轴两端不能留出足够的工艺轴颈，可以根据工件偏心距的要求，先在偏心夹板上钻好偏心中心孔，用时将偏心夹板用螺栓固定在主轴颈上（偏心夹板内孔与主轴颈采用过渡配合），并用紧定螺钉或定位键防止偏心夹板转动。（　　）

3．曲轴就是多拐偏心轴，由于工件刚度不足，故用一夹一顶装夹车削。（　　）

三、选择题（将正确答案的序号填在括号内）

1．曲轴除应有较高的尺寸精度、形状精度和较低的表面粗糙度值外，还应具有（　　）的相互位置精度要求。

A．曲柄颈轴线与主轴颈轴线之间的平行度

B．曲柄颈在圆周上的等分精度

C．曲柄颈的偏心距精度

D．曲柄颈轴线与主轴颈轴线之间的对称度

2．对于曲轴的毛坯成形，下列说法不正确的是（　　）。

A．钢质毛坯需锻制　　B．球墨铸铁铸造毛坯应进行正火

C．锻造毛坯应进行正火或调质处理　　D．可以采用轧制方法

3．偏心工件和曲轴的偏心距不符合要求，产生的原因有（　　）。

A．装夹方法不恰当　　B．工件未经仔细找正

C．中心孔位置不正确　　D．可调式偏心夹板调整有误差

四、名词解释

1．曲轴

2．曲轴偏心距

五、简答题

1．曲轴的加工特点有哪些?

2．车削曲柄颈的工艺措施有哪些?

3．车削曲轴时，曲轴产生变形的原因有哪些?

§7-4 车细长轴

一、填空题（将正确答案填在横线上）

1．细长轴的刚度低，车削时又受切削力、重力、切削热等因素的影响，容易产生__________以及______________、__________、__________、__________等缺陷，难以保证加工精度。

2．跟刀架主要用于车削__________和__________的场合。

3．使用弹性回转顶尖加工细长轴，可有效地补偿工件的______________，工件不易________，车削可顺利进行。

4．车细长轴时，中心架的支撑爪与工件接触，应经常加__________。

二、判断题（正确的打"√"，错误的打"×"）

1．细长轴的长径比越小，加工就越困难。（　　）

2．中心架直接支撑在工件中间，L/d 值减小了 1/2，车削时工件的刚度可提高 1 倍。（　　）

3．当被车削的细长轴中间无槽或安置中心架处有键槽或花键等不规则表面时，可采用中心架和过渡套筒支撑车细长轴的方法。（　　）

4．支撑爪与工件的接触压力要调整适当，如果压力过小，会把工件车成"竹节形"。（　　）

5．使用中心架和跟刀架时，尾座套筒伸出部分应尽可能短些，后顶尖的顶紧力要适当。（　　）

6．用硬质合金车刀高速车削细长轴时，不用加注充分的切削液。（　　）

7．车削细长轴时，浮动夹紧和反向进给车削能使工件达到较高的加工精度和较小的表面粗糙度值。（　　）

8．车细长轴时应使用主偏角小的车刀。（　　）

9．车细长轴时，由于工件直径细，切削用量应适当增大。（　　）

三、选择题（将正确答案的序号填在括号内）

1．车细长轴时，工件受（　　）的作用，会产生弯曲和振动。

A．切削力和离心力　　B．切削力和摩擦力

C．摩擦和自重　　D．自重力和切削力

2．车细长轴时使用（　　）个爪的跟刀架效果较好。

A．1　　B．2　　C．3　　D．4

3．车细长轴时，车刀的主偏角应取（　　）。

A．30° ~ 40°　　B．40° ~ 60°　　C．60° ~ 75°　　D．80° ~ 93°

4．车细长轴时，车刀刀尖圆弧半径应小于（　　）mm。

A．0.3　　B．0.8　　C．1.2　　D．1.5

5．车细长轴时，车刀前角宜取（　　）。

A．−10° ~ −5°　　B．2° ~ 10°

C．10° ~ 15°　　D．15° ~ 30°

6．车细长轴时，车刀的倒棱宽度宜取（　　）f。

A．0.2　　B．0.3　　C．0.5　　D．0.6

7．车细长轴时，车刀的刃倾角宜取（　　）。

A．−5° ~ 0°　　B．0° ~ 1°

C．3° ~ 10°　　D．10° ~ 30°

8．车细长轴时，应使用（　　）性能较好的乳化液。

A．润滑　　B．冷却

C．清洗　　D．防锈

9．细长轴毛坯本身弯曲或加工中出现弯曲，可选择的校直方法有（　　）。

A．反击　　B．冷压　　C．撬打

D．使用简便工具　　E．热锻

10．细长轴车削行程长，车刀切削过程中磨损，应采取的措施有（　　）。

A．选择耐磨性能好的刀具材料　　B．采用合理的刀具几何参数

C．改善润滑状况　　D．提高转速

11．支撑爪的压力使细长轴受过大的扭矩，导致细长轴扭曲，这种情况下形成的缺陷是（　　）。

A．腰鼓形　　B．中凹形

C．竹节形　　D．麻花形

12．半精车、精车细长轴时跟刀架一般都支撑于细长轴已加工表面，其外侧支撑爪压紧力太大，迫使细长轴偏向车刀一边，增大了背吃刀量，这种情况下形成的缺陷是（　　）。

A．腰鼓形　　B．中凹形

C．竹节形　　D．麻花形

四、名词解释

1．细长轴

2．热变形

五、简答题

1．细长轴车削过程中会出现哪些问题？

2．车削细长轴时使用中心架的方法有哪些？

3．车削细长轴有哪些关键技术问题？怎样解决？

4．使用浮动夹紧和反向进给车削细长轴有什么好处？

5．减少细长轴工件的热变形伸长可采取的措施有哪些？

6．车削细长轴时产生“竹节形”的原因是什么？如何预防？

六、计算题

1．车削直径为 30 mm、长度为 2 000 mm 的细长轴，材料为 45 钢，车削中工件温度由 20℃上升到 40℃，求这根轴的热变形伸长量。（45 钢的线膨胀系数 α_l=11.59 × 10^{-6}/℃）

2．车削直径为 30 mm、长度为 1 400 mm 的细长轴，材料为 45 钢，车削中工件温度由 18℃上升到 58℃，求这根轴的热变形伸长量。（45 钢的线膨胀系数 α_l=11.59 × 10^{-6}/℃）

3．车削直径为 20 mm、长度为 1 600 mm 的细长轴，材料为 40Cr 钢，车削中工件温度由 25℃上升到 65℃，求这根轴的热变形伸长量。（40Cr 钢的线膨胀系数 α_l=11.0 × 10^{-6}/℃）

4．车削的细长轴工件长度 L=1 170 mm，材料为 45 钢，其线膨胀系数 α_l=11.59 × 10^{-6}/℃，热变形伸长量为 0.587 mm，求车削中工件升高的温度 Δt。

七、应用题

车削图 7–3 所示的细长轴，毛坯尺寸为 ϕ40 mm × 1 004 mm。

（1）进行工艺分析。

（2）写出车削工艺步骤。

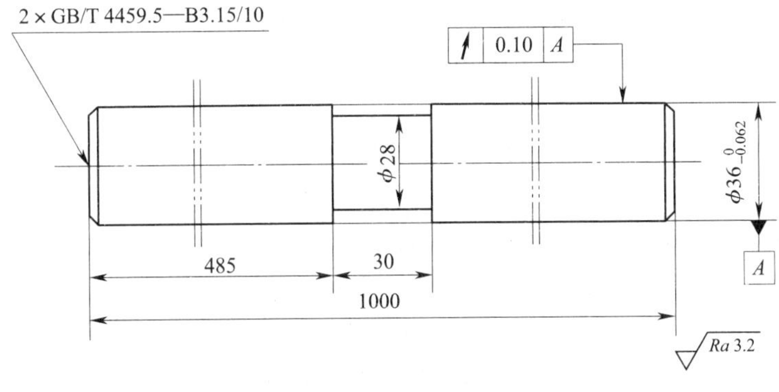

图 7–3

§7–5　车薄壁工件

一、填空题（将正确答案填在横线上）

1．增大装夹接触面积以减小薄壁工件变形的方法有：应用____________或用特制的__________。

2．车薄壁工件时，一般按照________速、________吃刀和________进给的原则来选择切削用量。

3．车削铸铁的薄壁工件容易产生________缺陷，结构不________，都对加工带来一定的困难。而铜、铝等有色金属材料的薄壁工件硬度________，加工易________，加工更加困难。

二、判断题（正确的打“√”，错误的打“×”）

1．车削薄壁工件时，由于受切削力的作用容易出现振动和变形。（　　）

2．对于线膨胀系数较大的金属薄壁工件，应在半精车和精车的一次装夹中连续车削完成。（　　）

3．精车薄壁工件时，为了减小工件的表面粗糙度值，车刀的修光刃要长些。（　　）

4．车削薄壁工件时，尽量不使用径向夹紧，而优先选用轴向夹紧的方法。（　　）

5．车削薄壁工件时，应适当降低切削用量。（　　）

6．车削薄壁工件时，一般不能使用径向夹紧的方法，必须使用增大装夹接触面积的方法。（　　）

7．有色金属薄壁件的加工工艺与黑色金属有着较大的区别，在刀具的使用上采取与黑色金属不同的刀具材料，在切削用量上也要区别于黑色金属。（　　）

8．车削脆性材料薄壁工件时车刀材料优先选择 K01。（　　）

三、简答题

1．薄壁工件的加工特点是什么？

2．减小和防止薄壁工件变形的方法有哪些？

3．脆性金属材料薄壁工件的变形因素及其消除措施有哪些？

4．如何合理选择精车薄壁工件车刀的几何参数？

四、应用题

车削图 7–4 所示的薄壁套，毛坯尺寸为 ϕ45 mm × 80 mm，数量为 2 件。

（1）进行工艺分析。

（2）写出车削工艺步骤。

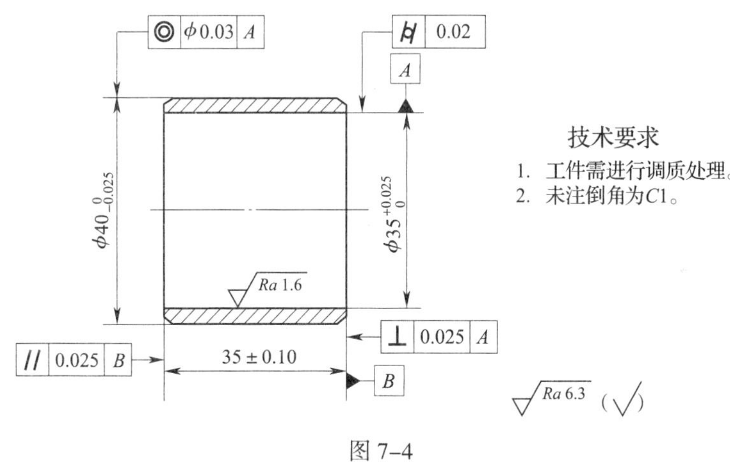

图 7–4

第八章 车 床

§8-1 机床型号及卧式车床的技术参数

一、填空题（将正确答案填在横线上）

1．金属切削机床简称________，是机械制造业的主要加工设备，其中________是机械制造中使用最广泛的一类机床。近年来________车床的应用越来越广泛。

2．机床的特性代号包括________特性代号和________特性代号，它们位于________代号之后。

3．机床的主参数代表机床________的大小，常用________表示，位于________代号之后。

4．CA6140 型车床床身上最大工件回转直径 D=________mm，刀架上最大工件回转直径 D_1=________mm。

5．CA6140 型车床主运动的传动链可以使主轴获得______________级正转转速（10 ~ 1 400 r/min）和________级反转转速（14 ~ 1 580 r/min）。

二、判断题（正确的打“√”，错误的打“×”）

1．机床结构特性代号仅有 A、D、E、L、N、P、T、U、V、W、Y 共 11 个字母。（　　）

2．机床类代号中的 X 表示数显机床。（　　）

3．常用车床主参数的折算系数有 1、1/10、1/100 三种。（　　）

4．多轴自动车床的主参数是指床身上最大工件回转直径。（　　）

5．机床的通用代号可将两个字母组合起来使用，如 AD、AE、DA、EA 等。（　　）

6．CA6140 型车床的主轴前端锥孔为莫氏 4 号。（　　）

7．CA6140 型车床的主轴中心高是指主轴中心至床身平面导轨距离，其值 H=205 mm。（　　）

三、选择题（将正确答案的序号填在括号内）

1．按照机床的工作原理、结构性能及使用范围，一般可将其分为（　　）类。

A．4　　B．10　　C．11　　D．12

2．机床型号 CM6136 中的 M 表示（　　）车床。

A．简易　　B．精密　　C．带磨头　　D．模数螺纹

3．机床型号 CQ6132 中的 Q 表示（　　）车床。

A．其他　　B．高精度　　C．轻型　　D．球状工件

4．通用特性代号已用的字母和（　　）两个字母不能作为结构特性代号。

A．A、D　　B．I、O　　C．E、F

5．机床型号 C5250 中的 52 表示（　　）车床。

A．万能曲轴　　B．双柱立式　　C．单柱立式　　D．单轴自动

6．不用大写的汉语拼音字母表示的是（　　）代号。

A．类　　B．特性　　C．组、系　　D．重大改进顺序

7．卧式车床的主参数是指（　　）直径。

A．最大棒料　　B．最大车削

C．床身上最大工件回转　　D．最大工件

8．机床型号 C5250 中的 50 表示（　　）为 500 mm。

A．中心高　　B．最大车削直径

C．床身上最大工件回转直径　　D．最大棒料直径

9．机床型号 C2140 × 4 中的“4”表示（　　）。

A．有 4 根主轴　　B．纵向行程为 4 m

C．床身长 4 m　　D．第 4 次重大改进

10．CA6140 型车床主轴前端锥孔是莫氏（　　）号。

A．3　　B．4　　C．5　　D．6

11．CA6140 型车床主轴正转级数为（　　）级。

A．6　　B．8　　C．12　　D．24

12．CA6140 型车床主轴内孔直径为（　　）mm。

A．38　　B．42　　C．52　　D．58

13．CA6140 型车床主轴正转转速范围为（　　）r/min。

A．12 ~ 1 200　　B．10 ~ 1 400　　C．40 ~ 800　　D．14 ~ 1 580

14．CA6140 型车床纵向快速移动速度为（　　）m/min。

A．2　　B．4　　C．8　　D．12

15．CA6140 型车床主电动机功率为（　　）kW。

A．2.4　　B．3.6　　C．7.5　　D．9

四、简答题

1．解释下列机床型号的含义。

（1）CQ6132

（2）CR6150

（3）CY6140

（4）CM6140A

（5）C5110

2. 机床型号能表示哪些内容？其中的特性代号包括哪些部分？

§ 8–2 卧式车床的主要部件和机构

一、填空题（将正确答案填在横线上）

1. ________用来使同轴线的两轴或轴与轴上的空套传动件随时接合或脱开，以实现车床运动的________、________、________和________等。

2. CA6140 型车床上的离合器有________离合器、________离合器和________离合器等。

3. 车床主轴箱内的双向多片式离合器有________、________两组摩擦片。

4. CA6140 型车床上采用的制动装置是________制动器，它由________、________和杠杆等组成。

5. 制动装置在调整合适的情况下，当主轴旋转时，制动带能完全________；而在停车时，主轴能迅速________。

6. 车床双向多片式摩擦离合器和制动装置采用________结构的________装置操纵。

7. 车床上常用的变速机构有________变速机构和________变速机构等。

8. 变向机构用来改变车床运动部件的________方向，如主轴的旋转方向、床鞍和中滑板的进给方向等都需要变向机构改变其________方向。车床上常用的变向机构有________变向机构、________齿轮和____________组成的变向机构等。

9. 在工作中，小滑板沿燕尾导轨移动的直线度误差将影响车圆锥时圆锥母线的______。调整小滑板楔铁的松紧度可以控制移动时的________误差。

10. 手摇小滑板，小滑板的移动轨迹与主轴轴线的平行度误差应小于__________，否则需重新调整。

11. 纵向摇动小滑板进行检查，若小滑板的移动轨迹与主轴轴线的平行度误差大于______，应松开转盘上的________、________进行微调，直至符合要求为止。

12. 尾座的前、后螺钉用于调整尾座座体的横向位置，也就是调整后顶尖轴线在水平面内的位置，使它与________轴线重合，可用于车削________；如果使它与主轴中心线相交，工件由前、后顶尖支撑，用以车削锥度较小的________。

13. 尾座可安装________，以便支撑________的工件；也可以装夹麻花钻、铰刀等对工件进行________加工。

二、判断题（正确的打“√”，错误的打“×”）

1. 多片式摩擦离合器的内、外摩擦片在松开状态时间隙要适当。（　　）

2. 多片式摩擦离合器内、外摩擦片间的间隙要小些，以传递较大的车床功率。（　　）

3. 多片式摩擦离合器均由若干个内、外摩擦片交叠组成。（　　）

4. 车床主轴箱内的双向多片式离合器利用摩擦片在相互压紧时接触面之间产生的摩擦力传递运动和转矩。（　　）

5. 离合器是实现同轴线的两轴或轴与轴上的空套传动件随时脱开或接合的组件。（　　）

6. 制动的目的是缩短操作者的辅助时间。（　　）

7. 车床上的制动轮是一个钢制圆盘。制动带为一钢带，其外侧固定着一层铜丝石棉，以增大摩擦因数。（　　）

8. 压紧摩擦离合器左边一组摩擦片，可使车床主轴反转。（　　）

9. 当手柄在中间位置时，摩擦离合器左、右两组摩擦片都松开，车床主轴停止转动。（　　）

10. 开合螺母机构的功用是接通和断开从丝杠传来的运动。车削螺纹和蜗杆时，将开合螺母合上，丝杠通过开合螺母带动进给箱及刀架运动。（　　）

11. 中、小滑板导轨磨损后的间隙可通过导轨间带斜度的楔铁来调整。（　　）

12. 利用小滑板车削（尤其是粗加工）圆锥时，应将小滑板的楔铁调整得略紧些，以提高工作效率。（　　）

13. 尾座的前后位置即后顶尖轴线在水平面内的偏移，影响尾座和主轴轴线的同轴度，直接影响工件的加工质量。（　　）

14．强力切削时，只要将尾座快速夹紧手柄向操作者方向扳动，将尾座夹紧在床身导轨上就最牢靠。（　　）

三、选择题（将正确答案的序号填在括号内）

1．多片式摩擦离合器的图形符号是（　　）。

A．[图形符号]　　B．[图形符号]　　C．[图形符号]　　D．[图形符号]

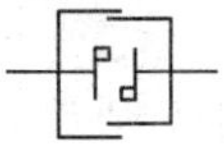

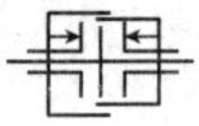

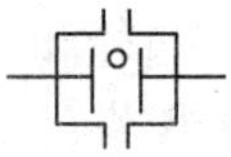

2．（　　）的功能是在车床停车的过程中，克服主轴箱内各运动件的旋转惯性，使主轴迅速停止转动，以缩短辅助时间。

A．摩擦式离合器　　B．制动装置

C．安全离合器　　D．超越离合器

3．在CA6140型卧式车床的主轴箱中采用了（　　）机构，以改变丝杠的旋转方向，实现左旋或右旋螺纹的车削。

A．滑移齿轮变向　　B．圆柱齿轮和摩擦离合器组成的变向

C．开合螺母　　D．安全离合器

4．车床（　　）的作用是改变离合器的工作状态和滑移齿轮的啮合位置，实现主运动和进给运动的启动、停止、变速和变向等动作。

A．摩擦式离合器　　B．制动装置

C．变速和变向机构　　D．操纵机构

5．调整床鞍间隙时，分别用塞尺检查床鞍外侧压板、内侧压板与导轨底面间隙，使床鞍外侧压板、内侧压板间隙≤（　　）mm。

A．0.005　　B．0.01　　C．0.03　　D．0.04

6．车床中滑板丝杠与螺母间隙调整的要求是中滑板丝杠手柄正反转空行程应在（　　）r以内。

A．1/2　　B．1/5　　C．1/10　　D．1/20

7．小滑板移动时与主轴轴线的（　　）误差影响多线螺纹的分线精度。

A．直线度　　B．垂直度　　C．平行度　　D．对称度

四、简答题

1．为什么要把车床多片式摩擦离合器内、外摩擦片的间隙调整适当？

2．制动装置的功能是什么？

3．根据教材中闸带式制动器的结构图，简述制动带的调整方法。

4．根据教材中主轴变速操纵机构链条的结构图，简述链条的调整方法。

5．开合螺母机构的功用是什么？

6．根据教材中开合螺母机构的结构图，简述该机构的调整方法。

7．根据教材中中滑板丝杠与螺母的结构图，简述丝杠与螺母间隙的调整方法。

8．根据教材中小滑板丝杠与螺母的结构图，简述小滑板丝杠与螺母间隙的调整和检验方法。

§8–3　卧式车床精度对加工质量的影响

一、填空题（将正确答案填在横线上）

1．卧式车床的精度主要分为________精度和________精度两种。

2．主轴滚动轴承的温度超过70℃，温升超过40℃的原因之一是主轴长时间__________工作。

二、判断题（正确的打“√”，错误的打“×”）

1．车床的几何精度是保证加工质量最基本的条件。（　　）

2．车床前、后顶尖的等高度超差，在钻孔、扩孔、铰孔时，工件孔径会扩大或产生喇叭形。（　　）

三、选择题（将正确答案的序号填在括号内）

1．在车床上加工工件时，影响加工质量的关键因素是（　　）。

A．车床本身的精度　　B．工件的装夹方法

C．车刀的几何参数　　D．切削用量

2．精车后工件端面圆跳动超差与机床有关的因素是主轴（　　）超差。

A．前、后轴承间隙　　B．轴颈的圆度

C．轴向窜动量　　D．轴线对床鞍移动的平行度

3．主轴箱内多片式摩擦离合器中的摩擦片间隙过小，造成停车后摩擦片未完全脱开产

生的故障是（　　）。

A．卡盘圆跳动误差大　　　　　B．闷车

C．强力车削时机动进给停止　　D．制动不灵

四、名词解释

1．卧式车床的几何精度

2．卧式车床的工作精度

五、简答题

1．卧式车床工作精度要求的项目有哪些？

2．车削圆柱形工件时产生锥度，与机床有关的因素有哪些？

3．车削外圆时，工件素线的直线度超差的原因是什么？

4．精车后工件端面平面度超差的原因是什么？

5．精车外圆时表面上轴向出现有规律的波纹，与机床有关的因素有哪些？

6．车床主轴温度过高的原因是什么？

§8-4 立式车床

一、填空题（将正确答案填在横线上）

1．立式车床有__________和__________两种。

2．在立式车床上工件的找正是使工件中心与____________中心相重合。

3．在立式车床上车削圆锥时，主要是依靠__________来找正垂直刀架转动角度的误差，通常能保证角度误差在________之内。

4．立式车床在结构布局上的主要特点是主轴__________布局。

二、判断题（正确的打"√"，错误的打"×"）

1．单柱立式车床加工直径一般小于 1 600 mm，双柱立式车床加工直径超过 2 500 mm。（ ）

2．立式车床的主轴竖直布置，一个直径很大的圆形工作台呈竖直布置，供装夹工件用。（ ）

3．在立式车床上找正工件时，应先将工件外圆找正。（ ）

4. 在立式车床上车削圆锥时，车刀刀尖与工作台回转轴线不重合，不会使所车的圆锥面母线不平直。 ( )

三、简答题

1. 立式车床加工工件的类型有哪些？

2. 在立式车床上装夹工件的方法有哪些？适用于装夹什么工件？

3. 在立式车床上车削工件时定位基准的选择原则是什么？

4. 简述在立式车床上车削圆锥的方法。

四、应用题

图 8–1 所示为大直径圆锥面工件，工件材料为热轧圆钢，材料牌号为 45 钢，数量为 15 件。试写出该工件在立式车床上的车削工艺步骤。

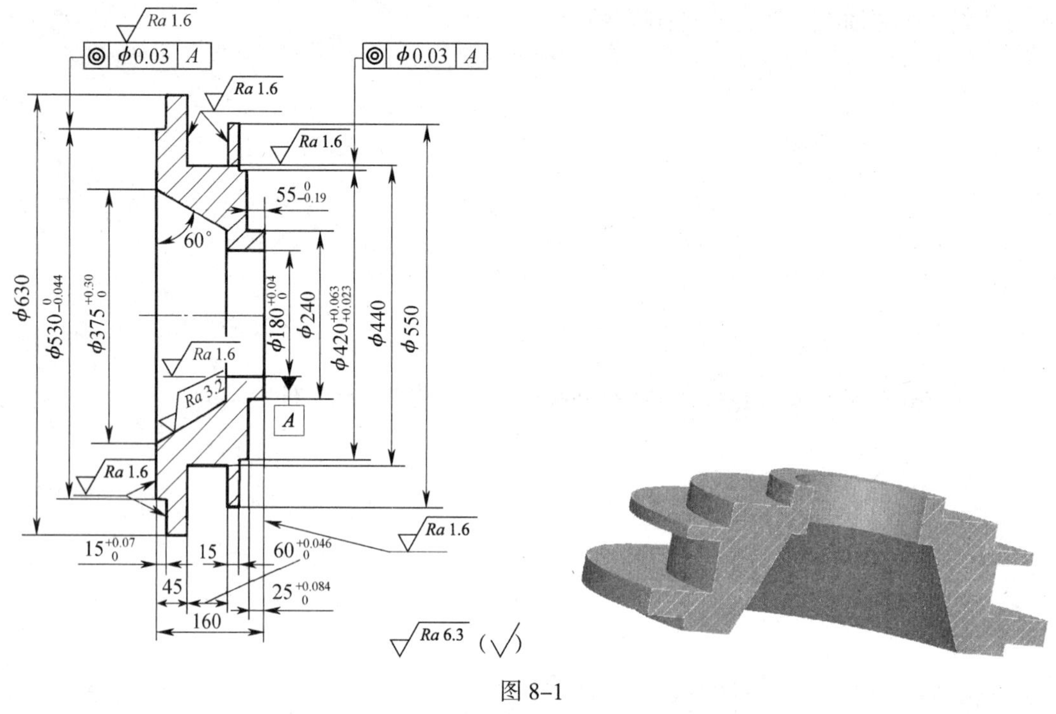

图 8–1

§8–5 其他常用车床简介

一、填空题（将正确答案填在横线上）

1. 回轮、转塔车床是在________车床的基础上发展起来的一种车床，它没有________和________，而是在尾座的位置上有一个可以________移动的多工位________，其上可装夹多把刀具。

2. 回轮车床上没有____刀架，只有一个可绕水平轴线转位的圆盘形________刀架，其回转轴线与主轴轴线________。

3. __________型数控车床适宜加工形状复杂、工序多、精度高、品种多变的单件或中小批量工件。

4. 数控车床是由__________、____________、__________、__________及__________等部分组成的。

二、判断题（正确的打“√”，错误的打“×”）

1. 回轮、转塔车床在成批生产中，特别是在加工形状简单的工件时，生产效率比卧式车床高。（　　）

2. 转塔车床不能车螺纹。（　　）

3. 转塔车床的前刀架和转塔刀架与卧式车床的刀架类似，既可做纵向进给，也可做横向进给。（　　）

4. 自动车床必须由操作者卸下加工完毕的工件，装上待加工的毛坯件，重新启动车床才能开始一个新的工作循环。（　　）

5. 数控车床是当今国内外使用量最大、覆盖面最广的一种数控机床，主要用于回转体工件的加工。（　　）

三、选择题（将正确答案的序号填在括号内）

1. 转塔车床共有（　　）个溜板箱。

A．1　　B．2　　C．3　　D．4

2. 单轴转塔自动车床床身的右上方装有可做纵向进给运动的（　　）刀架，用于完成车外圆、钻孔、扩孔、铰孔、攻螺纹和套螺纹等工作。

A．前　　B．转塔　　C．上　　D．后

3.（　　）车床具有较高的生产效率，可用于成批大量生产台阶轴及盘类、轮类工件。

A．转塔　　B．回轮　　C．多刀　　D．数控

4. 数控车床的核心是（　　），几乎所有的控制功能都由它控制实现。

A．输入装置　　B．数控装置　　C．伺服系统

D．检测反馈装置　　E．机床主体

四、名词解释

1. 自动车床

2. 半自动车床

3. 数控车床

五、简答题

数控车床有哪些优点？适合加工什么类型的工件？

第九章　典型工件的车削工艺分析

§9-1　机械加工工艺过程的组成

一、填空题（将正确答案填在横线上）

1. 工艺规程包括____________卡片、________卡片和________卡片等。

2. 机械加工工艺过程是由一个或若干个按顺序排列的工序组成的，而工序又可分为________、________、____________和____________。毛坯依次通过这些____________就成为成品。

二、判断题（正确的打“√”，错误的打“×”）

1. 机械加工工艺规程制定得是否合理，直接影响工件的质量、劳动生产率和经济效益。（　　）

2. 工艺过程中同样的加工必须连续进行，才能算一个工步，如中间有中断，就作为两个工步。（　　）

3. 工作行程是指刀具以非加工进给速度相对工件所完成一次进给运动的工步部分。（　　）

三、选择题（将正确答案的序号填在括号内）

1. 在制定工艺规程时必须从（　　）出发。

A. 实际　　B. 理论　　C. 先进技术

2. 在加工表面和加工工具不变的情况下所连续完成的那一部分工序称为（　　）。

A. 安装　　B. 工位　　C. 工步　　D. 行程

3. 如将 ϕ85 mm 的外圆车至 ϕ55 mm，分几次进给，则每一个进给运动就是一个（　　）。

A. 工序　　B. 工位　　C. 工步　　D. 工作行程

四、名词解释

1. 生产过程

2. 工艺过程

3. 工艺规程

4. 工序

5. 安装

6. 工位

7. 工步

8. 工作行程

五、简答题

1. 为什么要编制机械加工工艺规程?

2. 机械加工工艺过程由哪几部分组成?

§ 9-2 车削工件的基准和定位基准的选择

一、填空题（将正确答案填在横线上）

1. 基准可分为________基准和________基准两大类。工艺基准又分为________基准、________基准和________基准等几种。________基准有粗基准和精基准两种。

2. 某台阶轴的左台阶余量较小，右台阶余量较大，粗车时应先找正______台阶，再适当考虑______台阶的加工余量。

3. 工件的外圆长度较长，形状简单，要加工的内孔长度较短，形状复杂。在车削和磨削内孔时，应以______作为精基准。

4. 除第一道工序以外，其余加工表面尽量采用同一个____基准。

二、判断题（正确的打"√"，错误的打"×"）

1. 以毛坯表面定位，这个定位表面就是粗基准。（ ）
2. 粗基准应选择最粗糙的表面。（ ）
3. 既是设计基准，又是定位基准、测量基准和装配基准，这就叫作基准统一。（ ）
4. 车削车床床鞍手轮时，应选择手轮外缘的加工表面作为粗基准，加工后就能保证轮缘厚度基本相等。（ ）
5. 加工中精基准应避免重复使用。（ ）

三、选择题（将正确答案的序号填在括号内）

1. 合理选择定位基准，对保证工件的（ ）和相互位置精度起决定性作用。
 A. 表面粗糙度　B. 尺寸精度　C. 平行度　D. 垂直度
2. 用两顶尖装夹车削和磨削机床主轴时，其（ ）是两端中心孔。
 A. 设计基准　B. 定位基准　C. 测量基准　D. 装配基准
3. 粗基准应选择（ ）的表面，以使工件定位准确、夹紧可靠。
 A. 粗糙　B. 平整、光滑　C. 余量最小　D. 复杂
4. 工件上有些表面需要加工，有些表面不需要加工，应选（ ）的表面作为粗基准。
 A. 任意　B. 不加工　C. 重要　D. 余量最小
5. 对所有表面都要加工的工件，应以（ ）的表面作为粗基准。
 A. 难加工　B. 余量最大　C. 余量最小　D. 平整、光滑

四、名词解释

1. 基准

2．设计基准

3．工艺基准

4．定位基准

5．定位基面

6．测量基准

7．粗基准

8．基准重合

五、简答题

1．选择粗基准时必须达到哪些基本要求？

2．粗基准的选择原则是什么？

3．精基准的选择原则是什么？

六、应用题

1．分析图 9–1 和图 9–2 中工件的粗基准。

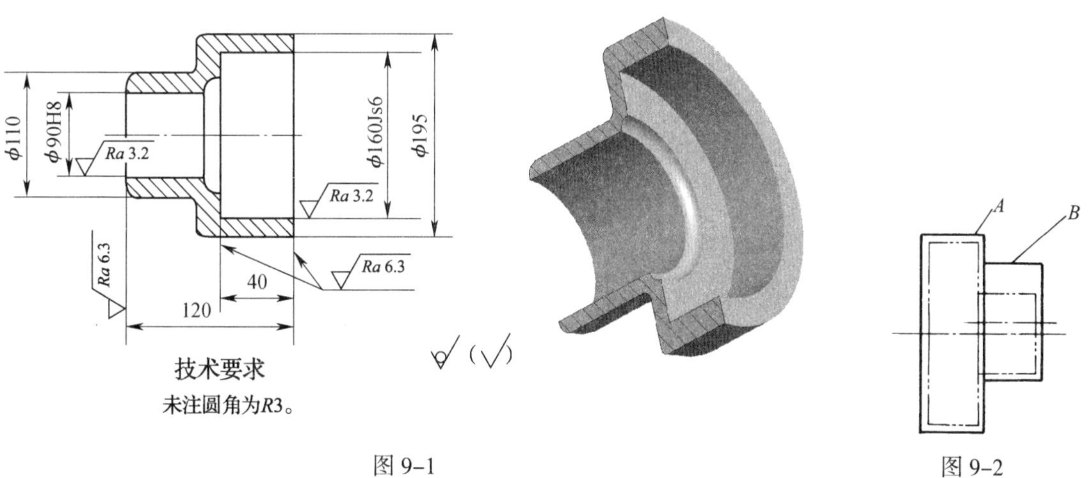

图 9–1　图 9–2

2．图 9–3 所示的齿轮在加工过程中的定位基准应如何选择？

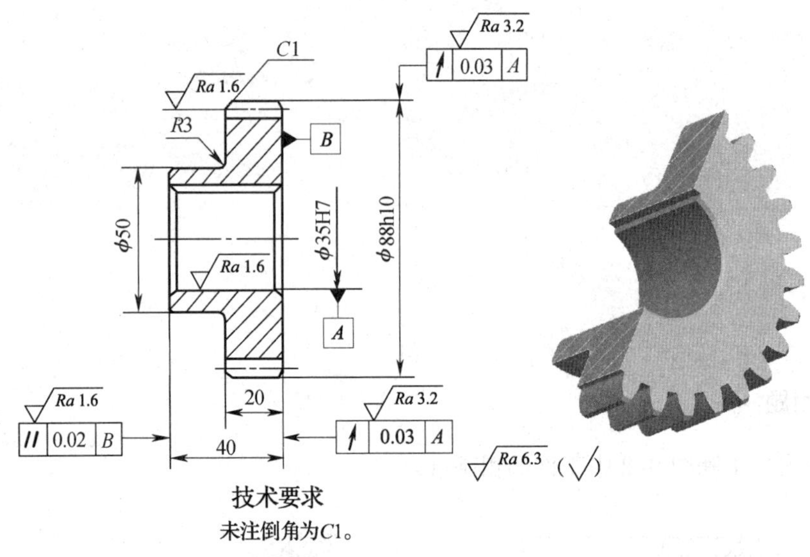

图 9–3

§ 9–3　工艺路线的制订

一、填空题（将正确答案填在横线上）

1．粗加工阶段的主要目标是__________________，精加工阶段的主要目标是全面保证______________。

2．工件各表面按照粗加工→________加工→________加工→________加工的顺序依次进行，逐步提高表面的加工精度和减小表面粗糙度值。

3．退火用于铸件或锻件毛坯，以改善其____________，在毛坯制造之后、__________之前进行。

4．要解决好数控工序与非数控工序之间的衔接问题，最好的办法是建立____________要求。

5．一般主轴的加工工艺路线是下料→锻造→________→粗加工→________→半精加工→________→粗磨→__________→精磨。

6．渗碳件为了保证中心孔的精度，工件中心孔一般________________。

7．常见的支架箱体类工件，一般先加工主要________，后加工__________。

二、判断题（正确的打"√"，错误的打"×"）

1．工艺路线分为粗加工、半精加工、精加工和光整加工四个阶段。（　　）

2．光整加工阶段一般不能用来提高位置精度。（　　）

3．对刚度高的重型工件，常在一次装夹中完成全部粗、精加工。（　　）

4．对复杂工件，一般先加工孔，再加工平面。（　　）

5．调质的目的是提高材料的硬度、耐磨性及耐腐蚀性。（　　）

6．淬火适用于低碳钢和低合金钢，如 15、15Cr、20、20Cr 等。（　　）

7．渗氮后的工件表面仍然需要淬火来提高硬度。（　　）

8．辅助工序对保证产品质量无关紧要，可有可无。（　　）

三、选择题（将正确答案的序号填在括号内）

1．加工轴类工件时，总是先加工中心孔，这是遵循（　　）原则。

A．基面先行　　B．先粗后精　　C．先主后次　　D．先面后孔

2．（　　）后工件的综合力学性能良好，对某些硬度和耐磨性要求不高的工件，也可作为最终热处理。

A．正火　　B．低温时效　　C．调质处理　　D．淬火

3．下列选项中属于最终热处理的是（　　）。

A．退火　　B．正火　　C．低温时效　　D．淬火

四、名词解释

1．工序余量

2．毛坯余量

五、简答题

1．工艺过程划分为哪四个阶段？划分加工阶段的目的是什么？

2. 切削加工工序通常按什么原则安排顺序?

3. 工件的渗碳、调质处理和淬火工序的位置安排各是怎样的?

4. 一般主轴的加工工艺路线是怎样安排的?

5. 具有花键孔的双联齿轮的加工工艺路线一般应怎样安排?

§ 9–4　轴类工件的车削工艺分析

一、图 9–4 所示为锥端轴，工件材料为热轧圆钢，材料牌号为 45 钢，毛坯尺寸为 ϕ42 mm × 110 mm，数量为 12 件，试制定其机械加工工艺卡。

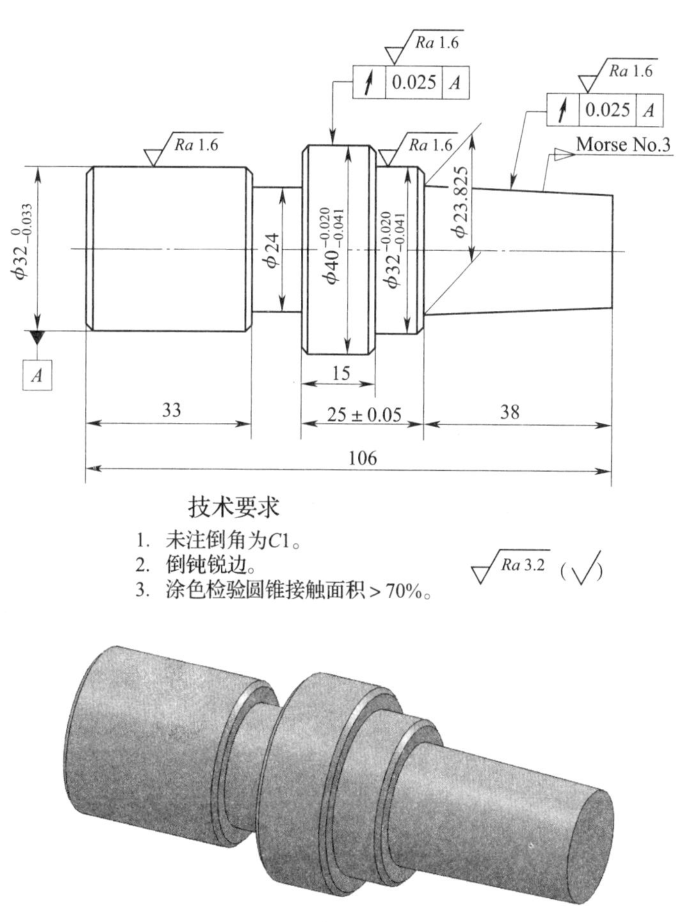

图 9–4

二、图 9–5 所示为拨块轴，工件材料为热轧圆钢，材料牌号为 45 钢，毛坯尺寸为 ϕ50 mm × 120 mm，数量为 5 件，试制定其机械加工工艺卡。

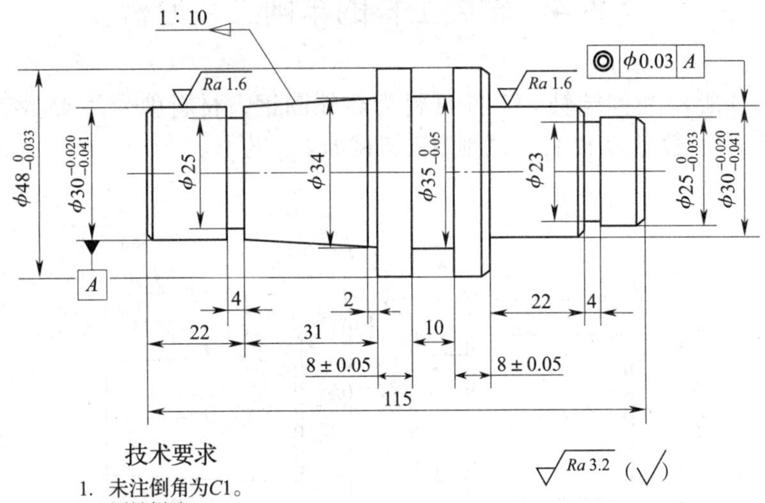

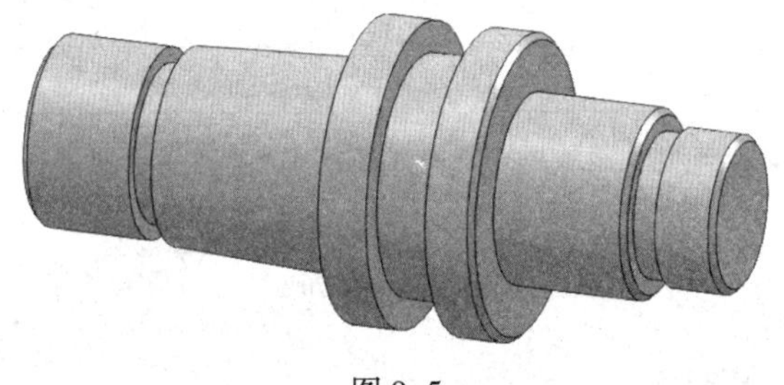

图 9–5

三、图 9-6 所示为梯形螺纹轴，工件材料为热轧圆钢，材料牌号为 45 钢，毛坯尺寸为 ϕ40 mm × 83 mm，数量为 20 件，试制定其机械加工工艺卡。

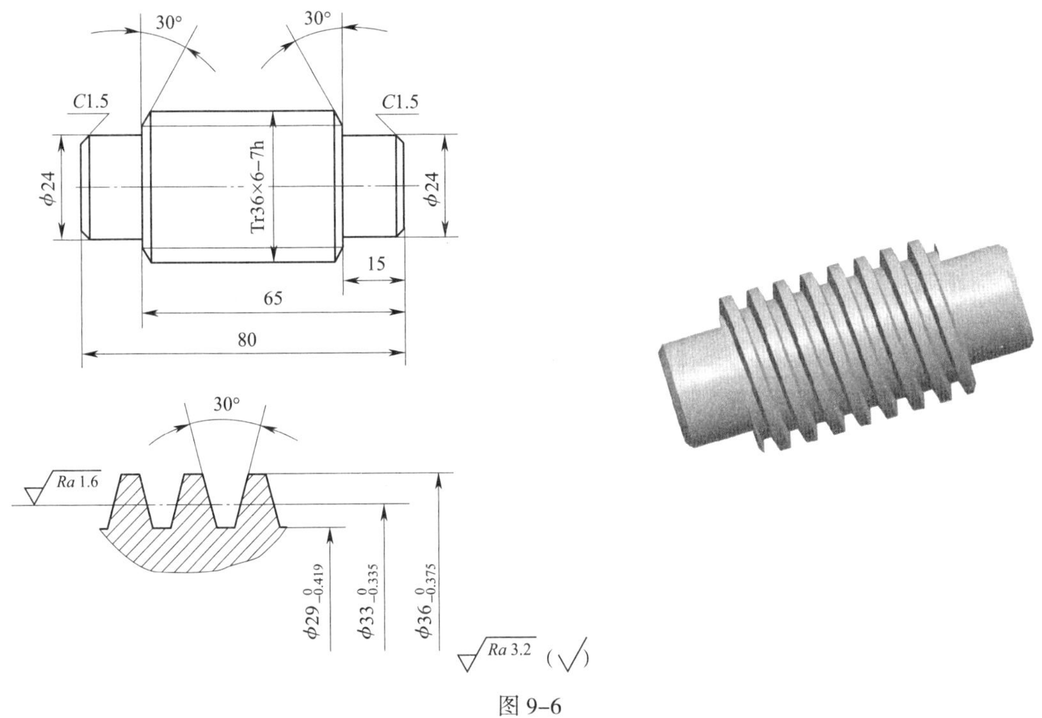

图 9-6

四、图 9-7 所示为花键轴，工件材料为热轧圆钢，材料牌号为 20Cr 钢，毛坯尺寸为 ϕ36 mm × 170 mm，数量为 1 件，试制定其机械加工工艺卡。

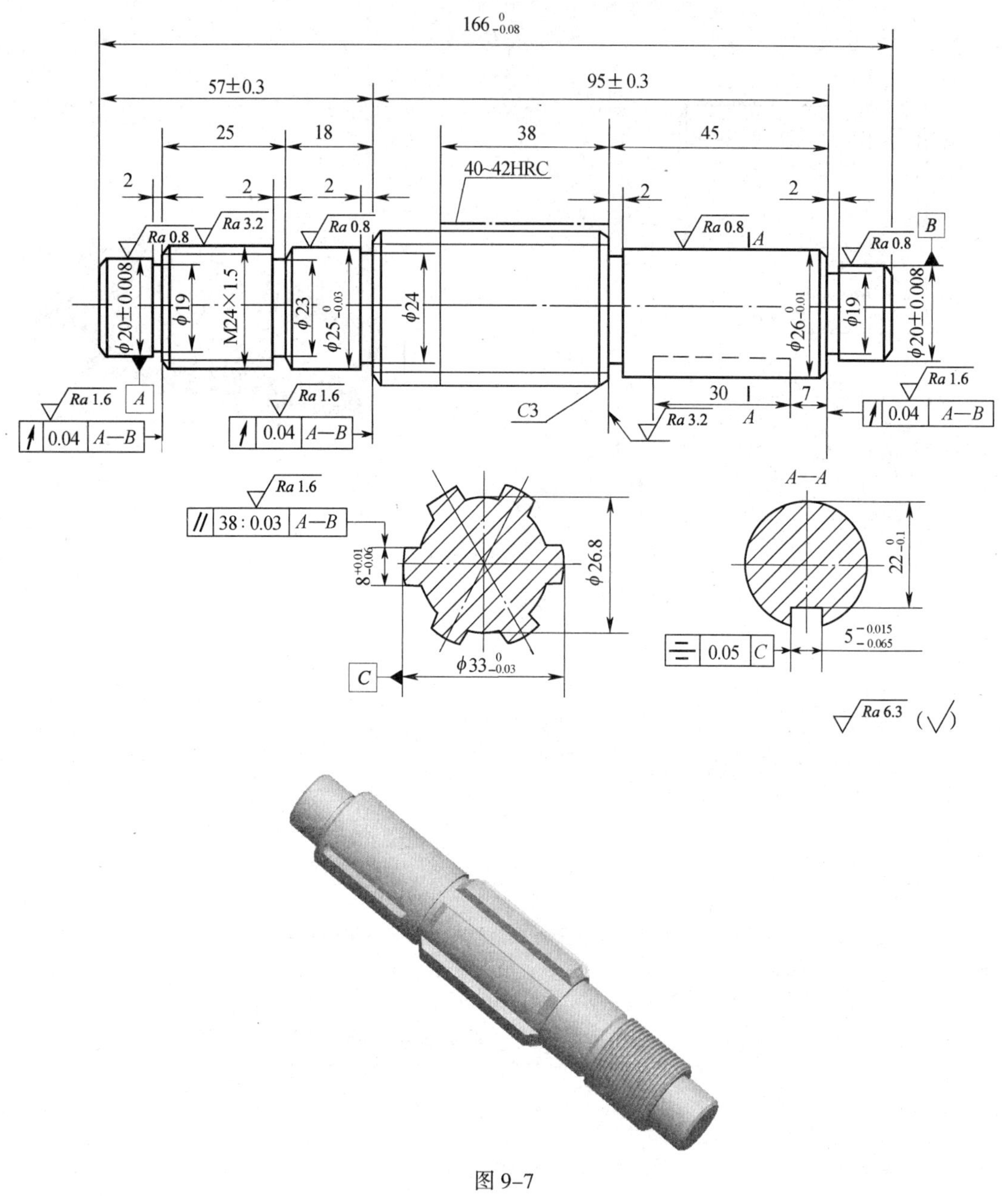

图 9-7

§9–5 套类工件的车削工艺分析

一、图 9–8 所示为固定套，工件材料为热轧圆钢，材料牌号为 45 钢，毛坯尺寸为 ϕ60 mm × 75 mm，数量为 20 件，试制定其机械加工工艺卡。

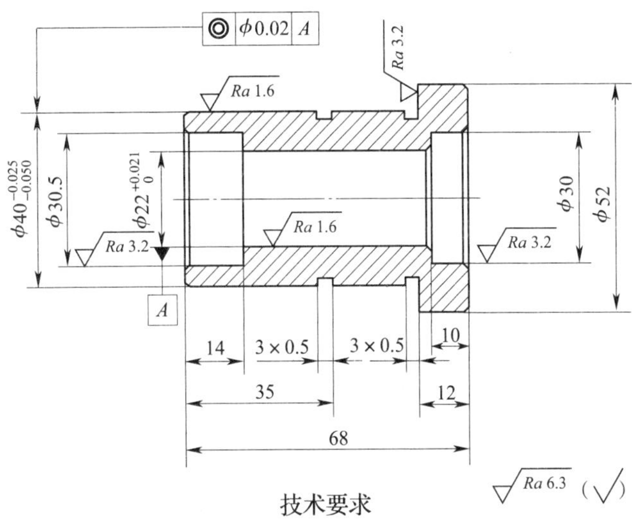

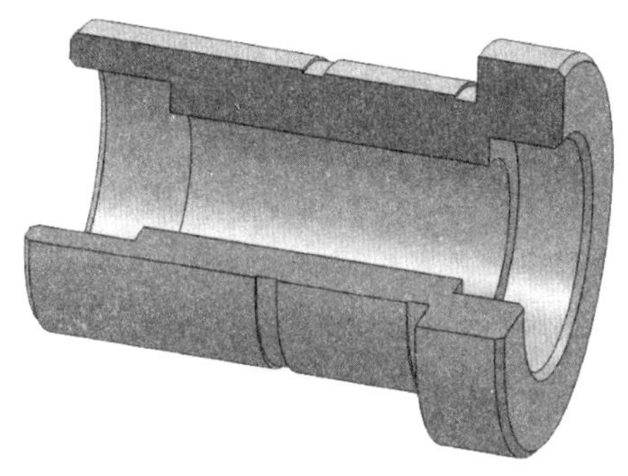

图 9–8

二、图 9–9 所示为座套，工件材料为热轧圆钢，材料牌号为 45 钢，毛坯尺寸为 ϕ95 mm × 42 mm，数量为 5 件，试制定其机械加工工艺卡。

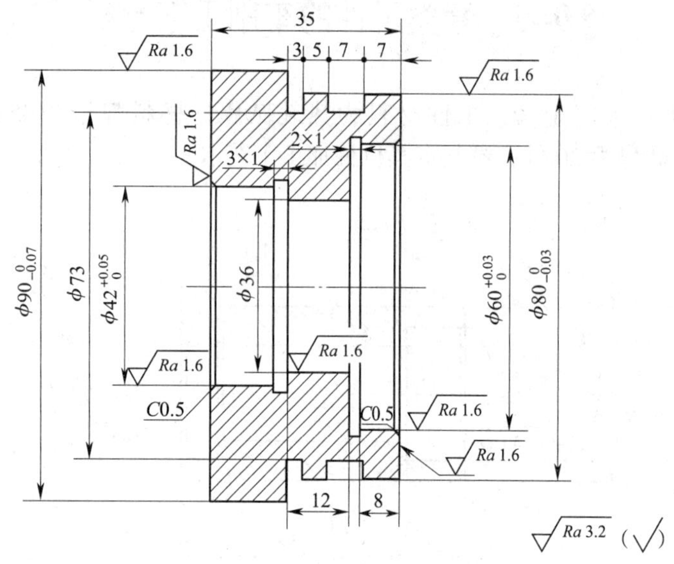

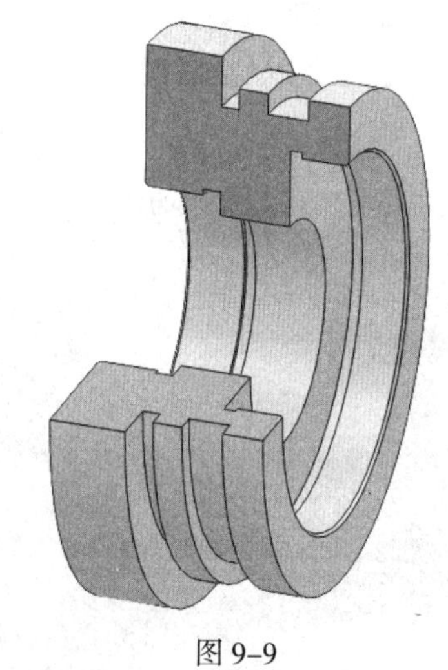

图 9–9

三、图 9-10 所示为端盖，工件材料牌号为 HT200，毛坯为铸件，数量为 20 件，试制定其机械加工工艺卡。

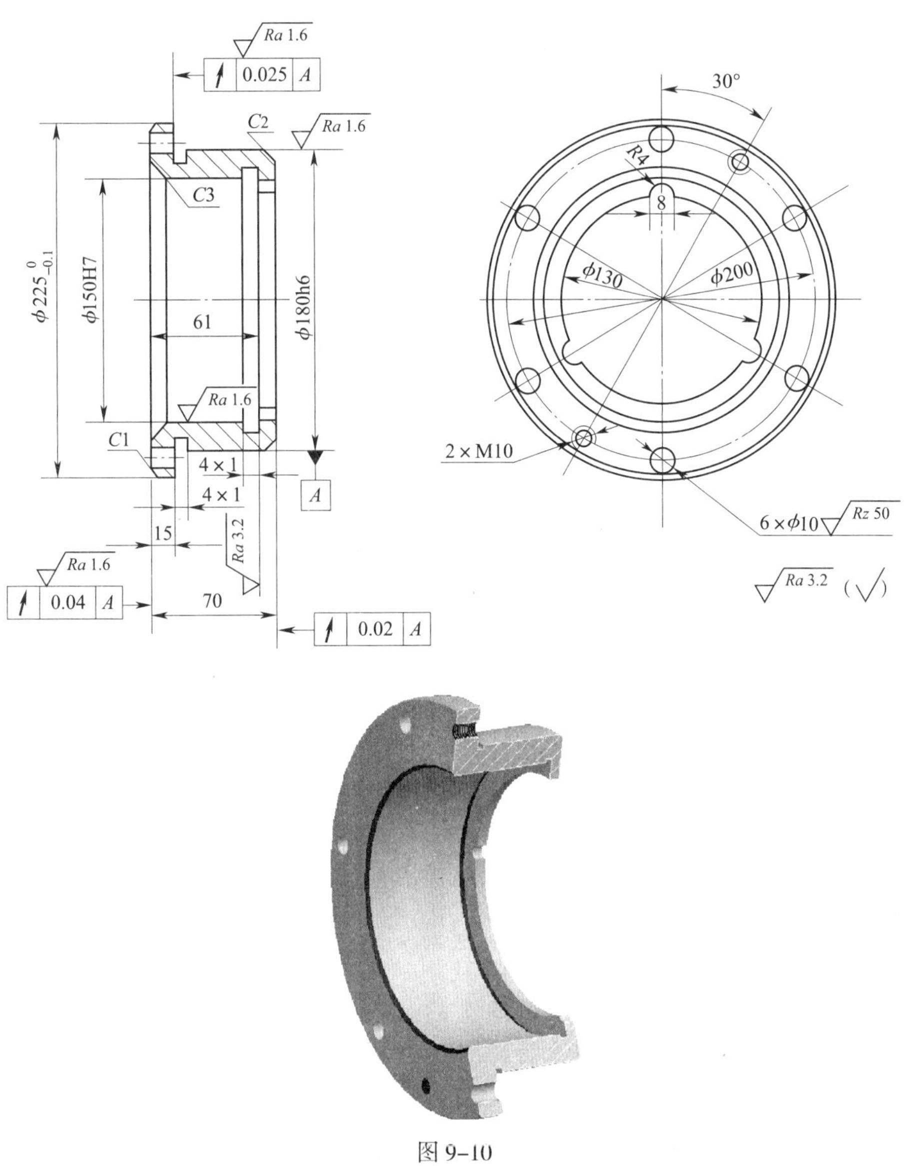

图 9-10

四、图 9–11 所示为双联齿轮，工件材料牌号为 45 钢，毛坯为锻件，数量为 50 件，试制定其机械加工工艺卡。

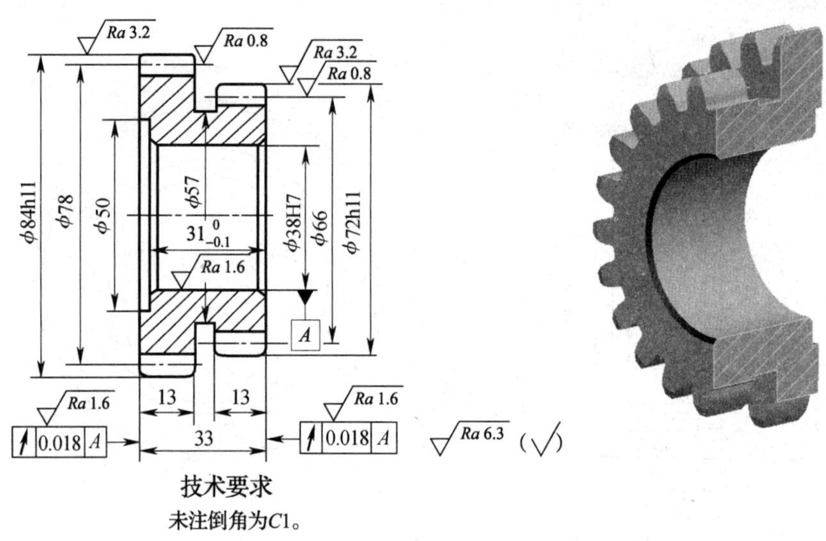

图 9–11

五、采用转动小滑板法车内、外圆锥配合件（图 9–12），工件材料为热轧圆钢，材料牌号为 45 钢，毛坯尺寸为 ϕ42 mm × 100 mm，数量为 1 套。

1. 进行工艺分析。

2. 制定车内、外圆锥配合件的机械加工工艺卡。

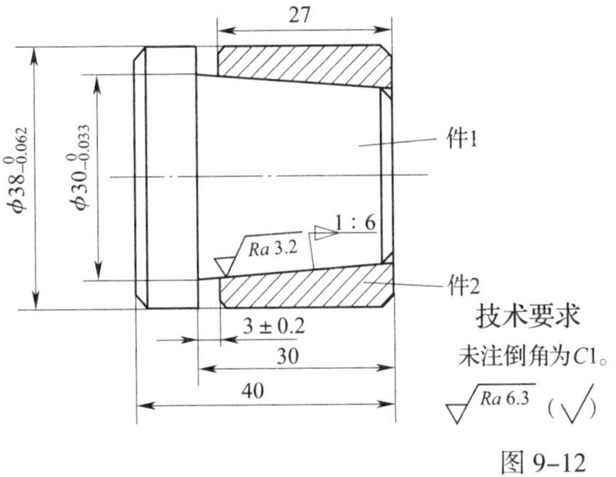

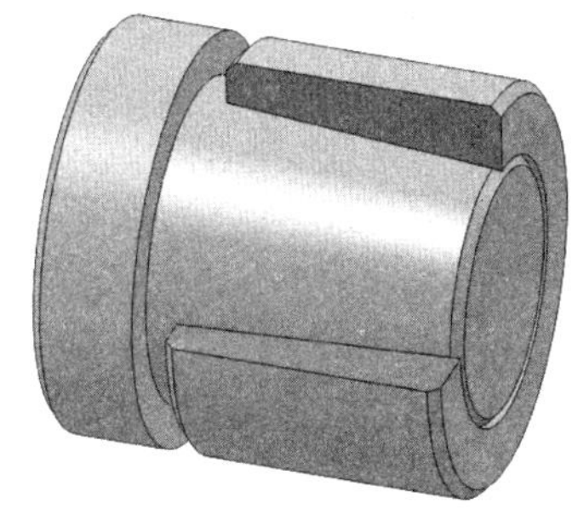

图 9–12